Heinzwerner Preuß

Atomkerne und Elektronen

Eine kurze methodische
Einführung

Heinzwerner Preuß

Atomkerne und Elektronen

Eine kurze methodische
Einführung

Die Deutsche Bibliothek – CIP-Einheitsaufnahme

Preuß, Heinzwerner:
Atomkerne und Elektronen: eine kurze methodische
Einführung / Heinzwerner Preuß. – Braunschweig;
Wiesbaden: Vieweg, 1995
    ISBN-13: 978-3-540-67049-0   e-ISBN-13: 978-3-642-93595-4
    DOI: 10.1007/978-3-642-93595-4

Der Verlag Vieweg ist ein Unternehmen der Bertelsmann Fachinformation GmbH.

Gedruckt auf säurefreiem Papier

ISBN-13: 978-3-540-67049-0

„Wir wollen unsere Kultus- und Hochschulminister daran erinnern, daß Chemie auch, aber nicht nur, eine anwendungsträchtige Wissenschaft ist, mit Feldern wie Hochpolymere, Werkstoffe, Pharmazeutika und Biotechnologie. Sie hat als Aufgabe und Ziel, das Zusammenwirken der Atome zu verstehen, welches letztendlich das, was wir als Materie, sei sie anorganisch oder sei sie biologisch, begreifen, umfaßt — jedenfalls zu einem gewichtigen Teil. Dies ist ein Stück Kultur, genauso wie unser philosophisches Gedankengebäude oder unsere Sprache oder unsere gesellschaftliche Entwicklung."

Prof. A. Weiss, Vorsitzender der Deutschen Bunsen-Gesellschaft für Physikalische Chemie, *Nachrichten aus Chemie, Technik und Laboratorium* **35** (1987) S. 825

„Furcht vor Wissen ist grundsätzlich eine Furcht vor dem Tätigwerden. Die Verantwortlichkeit, die dem neuen Wissen innewohnt, kann womöglich lästig werden und zu Verhaltensänderungen führen."

A. Maslow

Vorwort

Systeme aus Elektronen und Atomkernen sind sehr komplexe Systeme. Das mag zuerst verwundern, da zwischen den Teilchen reine Coulomb-Wechselwirkungen vorliegen, man vergißt aber oft dabei, daß ein weiteres – bisher unverstandenes – Naturgesetz (das Pauli-Prinzip) zu der Möglichkeit unendlich verschiedener Strukturen führen kann, von denen viele mit hoher Wahrscheinlichkeit in der Natur verwirklicht werden und ineinander übergehen können, wenn es die makroskopischen Verhältnisse und bestimmte Symmetrievoraussetzungen zulassen, die mit dem Spin der Teilchen zusammenhängen.

Wegen der Kleinheit der Teilchen ist ihr Verhalten akausal und kann nur durch Wahrscheinlichkeitsaussagen (Wellenmechanik) beschrieben werden. Aufgabe der Theoretischen Chemie ist es also, die Verständnislehre der Chemie in diesem Sinne zu formulieren und anzuwenden.

Man kann daher durchaus feststellen, daß insbesondere die Chemie, aber auch Teile der Biochemie, Astrophysik oder Pharmazie (um einige zu nennen) die Lehre vom Verhalten von Elektronen und Atomkernen darstellen, und daß dadurch sinnvollerweise unter Theoretischer Chemie alle physikalischen Aspekte der o.g. Bereiche (insbesondere die Physikalische Chemie) subsumiert werden müssen, soweit sie sich unmittelbar theoretisch oder halbtheoretisch mit der chemischen Materie beschäftigen, ohne jedoch näher auf die inneren Strukturen der Atomkerne einzugehen (Kernphysik).

Die Chemie beweist überzeugend, wie komplex und unerwartet (für die Nicht-Theoretiker) sich chemische Materie, also Systeme aus Elektronen und Atomkernen verhalten können.

Die Gleichungen (Schrödinger-Gleichungen) der Wellenmechanik, die dieses Verhalten vollständig erfassen, sind mathematisch relativ einfach aufgebaut. Die dazu formulierten und entwickelten Lösungsmethoden können in gewisser Weise allerdings als Chaos-Gleichungen aufgefaßt werden, da sie in der Regel wichtige Parameter nichtlinear enthalten.

Daß wir dennoch mit Hilfe der Computer mit immer größerem Erfolg und sich weitenden Anwendungsbereichen in der Theoretischen Chemie die Situation beherrschen, beruht letzten Endes darauf, daß wir bei unserem Vorgehen den Gleichungen das Prinzip der Energievariation aufprägen. In diesem Zusammenhang wird eine zuzügliche fraktale Behandlung der Vorgänge möglicherweise in der Zukunft Bedeutung haben!

Die Absicht des Buches besteht darin, mit möglichst wenigen Voraussetzungen unser Wissen und insbesondere das, was wir damit machen können, vereinfacht darzustellen und dabei nur das Wesentliche herauszuarbeiten.

Ich möchte besonders Herrn Dr. D. Andrae für seine Hilfe bei der Erstellung des Manuskriptes sowie für dessen kritische Durchsicht meinen herzlichen Dank sagen. Die farbigen Abbildungen wurden dankenswerterweise von den Herren Dr. H. Hayd (Elektronendichten) sowie Priv.-Doz. Dr. A. Savin, Dr. M. Kohout und Dr. J. Flad (ELF) zur Verfügung gestellt. Frau B. Pal hat freundlicherweise das Schreiben der Erstfassung übernommen.

Stuttgart, im Mai 1995   H. Preuß

Inhaltsverzeichnis

1 Was heißt „Verstehen"?

Wenn wir uns nun – wie in diesem Büchlein beabsichtigt – mit dem Aufbau und den Eigenschaften sowie mit den Verhaltensweisen der chemischen Materie beschäftigen wollen, so erscheint es sinnvoll, einiges über das zu sagen, was wir gemeinhin und oft gedankenlos „das Verständnis" nennen. Dabei wird man zwangsläufig auf Begriffe wie Modell, Analogon oder Hypothese geführt, aber auch auf die Frage, was eine Theorie ist und was sie leisten soll. Schließlich sind auch die Aspekte zu berücksichtigen, die sich aus dem Einsatz der Computer und der molekularen Grafik in der Chemie ergeben.

Verfolgt man nämlich naturwissenschaftliche Ausführungen, die sich mit den Fragen der Denkstrukturen und Erfahrungserfassungen beschäftigen, kritisch bezüglich des Umgangs mit den Begriffen, so stellt man fast ausnahmslos eine beträchtliche Großzügigkeit fest, die für die Leser oder Hörer oft irreführend ist und eine klare definitive Verwendung ausschließt, die doch eigentlich für eine wissenschaftliche Ausführung angestrebt werden sollte.

Im alltäglichen Umgang mag es durchaus wünschenswert sein, bestimmte Synonyma zu verwenden, um Feinheiten zu erfassen, weil der Einsatz sinnverwandter Wörter und Begriffe, deren Bedeutungsbereiche sich weitestgehend – aber niemals ganz – decken, oft die einzige Möglichkeit sein kann, die zu vermittelnde Information oder den Gefühlsinhalt aus der restlichen Nichtüberlappung herzuleiten und herauszustellen. Im wissenschaftlichen Bereich ist es unter Umständen sehr gefährlich, in ähnlicher Weise zu diskutieren; mögliche Eindeutigkeiten werden dann nicht ausgeschöpft, Mißverständnisse erzeugt, und die Griffigkeit der Gedanken gegenüber dem Forschungsobjekt wird nicht erreicht. Ganz zu schweigen davon, daß damit den Anfängern der Zugang zu wissenschaftlichen und erkenntnistheoretischen Fakten erschwert oder gar unmöglich gemacht wird. Damit tangiert die hier behandelte Problematik auch die Didaktik und schließlich die Pädagogik.

Die Erkenntnis derartiger Zusammenhänge erlaubt erst die sinnvolle Verwendung von Synonyma im zwischenmenschlichen Bereich und gibt den Raum frei für die Vertiefung der Gefühlswelt.

Wenn es hier um den naturwissenschaftlichen Bereich im allgemeinsten Sinne geht, so soll dennoch eine Einschränkung vorgenommen werden, da auf diese Weise die Situation einfacher dargestellt werden kann: Wir wollen uns speziell auf den Erkenntnis-Teilbereich beziehen, den der Mensch gegenüber der Materie – im Hinblick auf die Chemie – vorliegen hat. Vieles aber was wir darüber sagen werden, wird unschwer auch auf andere Teilbereiche zu übertragen sein.

Wenn man die Erkenntnisse über die Materie diskutiert, so sind besonders die Ausdrücke Modell, Analogon, Approximation, Theorie und Hypothese sowie Spekulation zu nennen, die alle mit unserem Verständnis zu tun haben und die oft leichtfertig und unüberlegt als ziemlich gleichwertige Begriffe verwendet werden.

Unabhängig aber von derartigen Nebenaspekten sollen die genannten Begriffe näher betrachtet werden; wir wollen versuchen, Definitionen zu finden, die eine mißverständliche Benutzung so weit wie möglich ausschließen, auch wenn dies nicht vollständig verhindert werden kann!

Man ist sich im allgemeinen darüber einig, daß die Fähigkeit des Menschen, die er im Erkennen der Materiestrukturen zeigt, mit Intelligenz zu tun hat. Was aber ist Intelligenz?

Es gibt darüber sehr viele und verschiedene Überlegungen, und genaugenommen können wir offenbar schon hier keine klare Definition finden, die aller Kritik standhält. Dennoch scheint es, daß man sich auf folgende Feststellung vorerst einigen könnte:

Intelligenz ist die Fähigkeit, durch Abstraktion kennzeichnende Merkmale zu entdecken. Mit anderen Worten und etwas ausführlicher: Intelligenz findet Zusammenhänge oder Ähnlichkeiten zwischen vorerst völlig verschieden erscheinenden Erfahrungsbereichen, indem sie abstrahiert, also von den äußeren Unterschieden absieht.

Bezeichnen wir daneben eine Analogie als eine Übereinstimmung in kennzeichnenden Merkmalen, so können wir auch sagen, daß Intelligenz die Fähigkeit ist, mittels Abstraktion Analogien zu entdecken.

Das gelingt nicht in allen Situationen, und wir können dann nicht sagen, ob es unsere mangelnde Intelligenz ist, die keine Zusammenhänge sieht, oder ob es in der Natur der Erfahrungen liegt, über die wir nachzudenken begonnen haben.

Aus diesem Zwiespalt heraus hat sich ein Vorgehen entwickelt, welches wir das naturwissenschaftliche nennen. Das Finden von „kennzeichnenden Merkmalen" in verschiedenen Erfahrungsbereichen ist dann zu einem Finden von „gemeinsamen Beschreibungsformen" erweitert und auch teilweise dadurch ersetzt worden. Was aber bedeutet die Übereinstimmung in kennzeichnenden Merkmalen oder das Vorhandensein gemeinsamer Beschreibungsformen genauer? Führt das erstere auf das Finden von Invarianten, die kennzeichnend – also wesentlich – sein sollten, so ist der zweite Weg durch das Erkennen von Beschreibungsformen charakterisiert, die auf möglichst viele, anfangs verschieden erscheinende Phänomene anwendbar sein – also „passen" – sollten.

Mit anderen Worten: Übereinstimmung in kennzeichnenden Merkmalen (Invarianten) liefert noch keinen Beweis für wirkliche Gemeinsamkeiten in der vollen Beschreibbarkeit der verschiedenen Erscheinungsformen, wenn der Beweis darin gesehen wird, daß die erkannten Gemeinsamkeiten mit der Beobachtung übereinstimmen, wenn sie also von der Erfahrung bestätigt werden. In diesem Sinne ist die Suche nach möglichst weitreichenden Beschreibungsformen der Erfahrung – hier die mit der Materie – allgemeiner und tiefergehend als der Versuch, dem Problem der Einsicht mit Analogien beizukommen.

Mit dieser Auffassung können wir nun definieren, was wir meinen, wenn wir von Verständnis sprechen. Wir verstehen hierunter den Sachverhalt, wenn durch möglichst wenige Postulate (die vorerst ohne Beweis, also ohne weitere Zurückführung, anerkannt werden) ein möglichst großer Erfahrungsbereich beschrieben werden kann, und diese Beschreibungsform ergibt sich aus der Zusammenfassung aller notwendigen Postulate. Denkökonomisch gesehen bietet sich hier allein die Mathematik an, so daß die mathematische Formulierung der Konsequenzen aus den Postulaten als Theorie – als Verständnis – angesehen werden muß. Ihre Stärke, besser ihre Qualität, und somit auch ihr Wahrheitsgehalt können an der Anzahl der notwendigen Postulate (möglichst wenige) und an dem Umfang des beschriebenen Erfahrungsbereichs (möglichst groß) einschließlich der Voraussagemöglichkeiten geradezu gemessen werden. Theorien sind daher in diesem Sinne niemals falsch, sondern schlimmstenfalls nicht besonders gut und können (müssen) sich bei fortschreitender Erkenntnis als Spezialfälle herausstellen.

Entwicklungsgeschichtlich stehen am Anfang in der Regel Hypothesen, also Annahmen, daß etwas so sein könne, und auch Analogien, die nach Aufbau einer Theorie als einem begründeten Verständnis nicht mehr nötig sind und nur im Rahmen der Didaktik ihre Bedeutung erhalten haben. Dort allerdings können sie sinnvoll – also vernünftig – und sogar mit Nutzen zur Einführung in die Theorie verwendet werden, wenn auch ihr Einsatz nicht ungefährlich ist, falls die Beispiele ungeschickt gewählt sind.

So betrachtet ist Theorie Ausdruck eines vernetzten Denkens, denn eine Theorie, also eine sich mit der Erfahrung im Einklang befindliche mathematische Beschreibungsform, muß alle Gedankengänge verknüpfen, alle möglichen Parameter verbinden und somit auch alle Konsequenzen ermöglichen, die sich aus geänderten Versuchsbedingungen ergeben könnten.

Vernetztes Denken ist also in gewisser Weise ein Ausdruck von Intelligenz, und man geht sicher nicht fehl, wenn man in der Umkehrung feststellt, daß folglich Intelligenz die Fähigkeit ist, einen Erfahrungsbereich mit vernetztem Denken anzugehen und schließlich eine Theorie zu entwickeln. Mit anderen Worten: Intelligenz ist die Fähigkeit, nicht nur kennzeichnende Merkmale durch Abstraktion zu entdecken, sondern diese vernetzend zu verknüpfen, um auf diese Weise die Abstraktion so weit wie möglich wieder aufzuheben; denn eine vollständige Theorie umfaßt sämtliche Phänomene und will alle Möglichkeiten der Erfahrung erfassen, so daß letztlich für Abstraktion kein Platz mehr bleibt, wenn man darunter die Absonderung der Verschiedenheiten aus der konkreten Wirklichkeit versteht, um das verbleibende Allgemeine festzustellen.

Wir wollen bei der Gelegenheit noch anmerken, daß Bildung von diesen Feststellungen aus erläutert werden kann: Vernetztes (nichtlineares) Denken ermöglicht erst die Einsicht in die Zusammenhänge der uns umgebenden Natur im allgemeinsten Sinne und damit ein sinnvolles Verhalten ihr gegenüber und somit letzten Endes auch dem Menschen gegenüber, der ja ein Teil der Natur ist. Bildung, so könnte man sagen, ist das Ergebnis dieser Erarbeitung, die zu Harmonisierung führt und nicht zur Herausforderung zwischen Mensch und Umwelt mit der Folge der Vernichtung des gesamten Lebensraumes. Bildung ist also das Resultat der konsequenten Annahme und Verarbeitung der Einsichten in die vielfältigen und hochdimensionierten Zusammenhänge und der daraus zwingend folgenden Verhaltensweisen, die allen Organismen, vom Menschen bis zu den einfachen Organisationen im materiellen Bereich, ihre Existenz und ihre Entfaltung erlauben, soweit dies möglich ist. Daraus resultieren wiederum – wenn man so will – geistig-seelische Werte und Anlagen, die zu lebenserhaltenden Verhaltensmustern führen. Nicht was möglich erscheint, ist primär wichtig, vielmehr wird das angestrebt, was in diesem Rahmen der Erkenntnis sinnvoll ist!

Andererseits kann die Spekulation ebenfalls nicht zur Theorie, zur vermehrten Einsicht, also zur Bildung führen, denn als „Erkenntnis" durch geistiges Schauen, das letzten Endes zur Mystik führt, oder als „reines Denken", enthält sie nicht den Wunsch nach Kontrolle, nach dem Vergleich mit der Erfahrung, wie es bei der Hypothese der Fall ist und zur Theorie führen kann. Auch schließt die Spekulation als Streben nach einer einheitlichen Auffassung der Welt durch ein erdachtes Prinzip die Empirie aus und geht schließlich durch den Einfluß der Offenbarung auf in dem Glauben der Religionen, die weder Zweifel noch Prüfung als Methode anerkennen. Während Postulate zu einer Synthese unserer Einsichten und Erfahrungen führen, also letzten Endes zur Theorie, schließen Dogmen die erfahrungsmäßige Nachprüfung möglicher Konsequenzen aus, weil sie unmittelbar durch den Glauben gestützt werden, der keine Alternative zuläßt und an Reduktionen der Ausgangspunkte nicht interessiert ist.

Vernetztes Denken ist also offenbar der einzige Weg, um zu einem Verständnis zu gelangen, und es mag als ein Analogon gelten, daß zum Beispiel in der vergleichenden Neurophysiologie die Feststellung getroffen wird, daß die Zentralisierung von integralen Einheiten von Nervenzellen mit der Entwicklung eines Netzwerkes von Zellen einhergeht, das nicht mehr nur Schaltfunktionen hat, sondern die Verrechnung und Verarbeitung aller Eingänge vornimmt. Es tritt also ein hierarchisch gestuftes Netzwerk verschiedener, miteinander verbundener neuraler Zentren auf.

Es hat den Anschein, daß die Evolution durch Analogiebetrachtungen übersichtlicher wird, wie dies etwa in der Botanik das System der Pflanzen zeigt. Aber erst eine Theorie ist in der Lage, aufzuzeigen, ob ein Analogieschluß wirklich kennzeichnende Merkmale erfaßt, die sich auch im Rahmen eines Verständnisses aus einer Reihe von Postulaten ergeben.

Nach diesen sich anbietenden Abschweifungen wollen wir wieder auf die Verwendung von Begriffen in unserem Materie- bzw. Naturverständnis zurückkommen.

Eine abgeleitete Begriffsbildung ist die der Approximation; sie setzt eine Theorie voraus, denn wie sollte man sonst wissen, was weggelassen werden kann, damit das Wesentliche auch numerisch erhalten bleibt, denn mit der Approximation ist auch der dazugehörige Fehler verknüpft, der ja nach Anforderung klein sein soll. Dementsprechend fällt dann die Bewertung der Approximation aus.

Zum Schluß sei noch auf den Modellbegriff eingegangen, der besonders vielfältig und wenig klar bei vielen wissenschaftlichen Diskussionen verwendet wird. Einige verstehen darunter so etwas wie ein Vorbild oder Muster. Andere wiederum rücken den Begriff in die Nähe der Hypothese, wobei dann an eine Nachprüfbarkeit des Modells gedacht ist. Aber auch Ähnlichkeiten mit Analogievorstellungen treten auf, indem darauf hingewiesen wird, daß das Modell die wesentlichen Züge des vorliegenden Sachverhalts enthalten soll. Gelegentlich werden auch spekulative Aspekte in der Weise in Modellen aufgenommen, daß man „einfach" versucht, sich ein „Bild von der Sache" zu machen, durch reines Denken also oder durch Verwendung spärlicher Erfahrungen, die derartige Prozesse im Hinblick auf das angestrebte Verständnis bedenklich erscheinen lassen.

Schließlich wird von einem mathematischen oder wellenmechanischen Modell gesprochen, obwohl es sich bei der Wellenmechanik ganz offenbar um eine Theorie handelt, die einen bemerkenswert großen Erfahrungsbereich umfaßt und mit wenigen Postulaten auskommt. Was die Mathematik dagegen anbetrifft, so handelt es sich hier – um es einmal ein wenig banal zu formulieren – um eine Wissenschaft vom Wesen und von gesetzmäßigen Beziehungen reiner Größen (Symbolen) und räumlicher Gebilde; schon im Rahmen dieser durchaus nicht erschöpfenden und nicht überall anerkannten Feststellung erkennt man, daß die Mathematik notwendige Grundlage für die Formulierung einer Theorie sein muß, wenn denkökonomische Aspekte Berücksichtigung finden, was letztlich auch eine Frage nach der Klarheit der Formulierungen ist.

Gelegentlich klingen bei der Verwendung des Wortes „Modell" auch Vorstellungen im Hinblick auf Approximationen an, wobei damit wohl mathematische Darstellungen gemeint sein könnten.

In dieser verwirrenden Situation empfiehlt es sich notgedrungen, nach einer Definition des Modellbegriffs Ausschau zu halten, der sich möglichst wenig mit den bisher erwähnten Begriffen überlappt und gleichzeitig einen

Sachverhalt beschreibt, der noch nicht erfaßt wurde, aber schon in der Modellvorstellung anklingt.

Unter der Bildung eines Modells wollen wir nun den Versuch verstehen, Erfahrungen eines uns (scheinbar) schon bekannten Bereichs auf einen anderen, noch nicht so bekannten, neuartigen zu übertragen. Danach stehen Modelle am Anfang einer Erkenntnisbildung. Die Modellbildung kann aber auf verschiedenen Ebenen geschehen.

Die ersten Modelle scheinen psychologische Modelle gewesen zu sein, indem Elemente des menschlichen Gefühlsbereichs auf die Materie übertragen wurden, so etwa bei einigen altgriechischen Philosophen, die die Wechselwirkungen zwischen den (spekulativen) Atomen als Liebe und Haß interpretierten.

Im 18. Jahrhundert, als man die Elektrizität entdeckte, wurde diese nun auf die Bausteine der Materie übertragen, und auch die Massenanziehung (Gravitation) oder die Erfahrungen mit magnetischen Effekten wurden zur Modellbildung mit herangezogen.

Schließlich sei das bekannte BOHRsche Atommodell (1913) erwähnt, in welchem mechanische Erfahrungen (Elektron auf festen Bahnen) und elektrodynamische Feststellungen (das Elektron gibt bei seiner beschleunigten Bahnkurve keine elektromagnetische Strahlung ab) vereinigt wurden. Hinzu kam noch ein quantentheoretisches Prinzip (diskrete Werte des Elektron-Drehimpulses), womit in gewisser Weise – wie wir heute wissen – das Ergebnis „hineingesteckt“ wurde.

Einige Atommodelle um die Jahrhundertwende und später tragen diese Bezeichnung nach unserer Definition zu Recht, wenn sie Erfahrungen aus elektrostatischen und elektrodynamischen Bereichen übernehmen.

Waren die Atomvorstellungen bei einigen der altgriechischen Philosophen noch Spekulation, so sind diejenigen des 19. Jahrhunderts als Hypothesen zu werten, da immer wieder versucht wurde, die Existenz der Atome nachzuweisen. Daneben gibt es jeweils Modelle je nach Stand der vorliegenden Erfahrungen.

Die „Materiewellen“ von DE BROGLIE (1924) müssen als Hypothese betrachtet werden, denn erst einige Jahre später wurden die Beugungseffekte bei Elektronen (und anderen Teilchen) experimentell bestätigt.

Der scheinbare Welle-Teilchen-Dualismus wurde dann im Rahmen einer Theorie (Wellenmechanik) verstanden. Wenn wir ein Atom oder ein Molekül mit Hilfe der Wellengleichung behandeln können, so liegt damit kein Atommodell vor, sondern die Anwendung einer Theorie, aus deren Postulaten sich unter anderem die Wellengleichung ergibt. Aus deren Lösung läßt sich dann ebenfalls durch Postulate der Zusammenhang oder die Zuordnung zu den experimentellen Erfahrungen durchführen. Hier wurde ein weitestgehend mathematisiertes Kalkül zur Formulierung der Zusammenhänge benutzt, und es ist möglich, mit Hilfe der quantenchemischen Verfahren (die, bis auf wenige, Approximationen sind) sowohl die vorliegenden und bekannten als auch die, im Rahmen weiterer Experimente noch zu erwartenden chemischen und physikalischen Eigenschaften von Atomen, Molekülen und Clustern zu berechnen. Dabei treten neben die Wellenmechanik auch andere mathematisch formulierte Theorien, wenn das Verhalten großer Mengen von Atomen und Molekülen untersucht werden soll (z. B. statistische Mechanik und Thermodynamik).

Wenn man zum Beispiel von „Elektronengas" spricht, so handelt es sich dabei eigentlich nicht um eine Modellvorstellung, sondern um ein Analogon, weil diese Vorstellung formale Übereinstimmung in kennzeichnenden Merkmalen zwischen Gas und Elektronensystem herausstellen will. Diese Analogie wurde formuliert, als schon die Theorie der Elektronen vorlag. Besonders von Wissenschaftlern werden oft analoge Feststellungen getroffen, die zwar keine neuen Erkenntnisse liefern, aber unter Umständen nützlich sind, da sie – vom didaktischen Aspekt abgesehen – die Kommunikation erleichtern und gegebenenfalls Zusammenfassungen erlauben, wenn die Theorie vorliegt. Diese Verwendung von Analogien schließt nicht aus, daß auch vor Entstehen einer Theorie, also eines Verständnisses, mit vernetzter Denkstruktur schon analoge Vergleiche angestellt wurden, um den theoretischen Zugriff vorzubereiten.

In der hier vorgebrachten Meinung sind Modelle dagegen Eingeständnisse des „Noch-nicht-Wissens", der noch nicht erfolgten Durchschau, aber immerhin Ausdruck einer sinnvollen Reaktion auf Erfahrungen, die nicht in den zu erwartenden Rahmen passen.

Analogon oder Modell? Das ist jetzt im wesentlichen eine Frage des lehrenden, weniger des praktizierenden Wissenschaftlers, auch wenn beide Tätigkeiten in einer Person vereinigt sein sollten.

In der Wissenschaft werden im allgemeinen die Fragen der Theorie und deren Anwendung eine Rolle spielen, wobei letztlich vieles auf den Einsatz von verfahrenstechnischen Approximationen hinausläuft. Für die Darstellung der Entwicklung zur Theorie werden dagegen das Modell und die Analogie zu berücksichtigen sein, insbesondere wenn es um unser Materieverständnis (im Sinne der Chemie) geht, welches ursprünglich in der theoretischen (mathematischen) Physik entstand, dann zur Chemie überging (Quantenchemie) und nun auch unter anderem die Fragen der Biochemie und der Pharmazie erfaßt hat.

Immer effektivere Computer werden darüber hinaus die Auswertung der Theorie (Technologietransfer) immer mehr zur Praxis hin verschieben, wenn die approximativen Methoden verbessert werden, die wiederum sehr eng mit der Theorie an sich zusammenhängen.

2 Atomkerne und Elektronen

Wir haben die Art und Weise, wie wir zu Einsichten und Erkenntnissen gelangen, so ausführlich behandelt, weil ich der Meinung bin, daß insbesondere ein Weitergeben von grundlegendem naturwissenschaftlichem Wissen eine klare Definition der Begriffe verlangt, die hierbei eine Rolle spielen, wenn das erworbene Wissen nicht einseitig und oberflächlich bleiben soll!

Das gilt in vielerlei Hinsicht, auch für Erkenntnisse außerhalb der Naturwissenschaften, obwohl eine genaue Trennung hier nicht möglich ist. Aber gerade in den Naturwissenschaften läßt sich jedenfalls vergleichsweise einfach zeigen, wo die Grenzen der Erkenntnismöglichkeiten liegen oder – anders formuliert – wie der Begriff der Wahrheit hier gehandhabt werden muß!

Zurück nun zu unserem unmittelbaren Anliegen.

Wenn wir oben von chemischer Materie sprachen, so meinen wir die Materie, wie sie uns infolge der Wechselwirkungen zwischen Elektronen und Atomkernen entgegentritt. Damit lassen wir den inneren Aufbau des Atomkerns außerhalb unserer Diskussion, wenn man davon absieht, daß die Atomkerne Vielfache (Z-fache) einer bestimmten positiven Ladung ($+e$) tragen und ihre Masse (Atomgewichte) näherungsweis das Vielfache einer Einheit ist, die wir Nukleonenmasse nennen wollen. Ein Nukleon ist entweder ein Proton oder ein Neutron, wobei im Gegensatz zum neutralen Neutron das Proton eine Ladung $+e$ besitzt. Damit ist die Kernladungszahl Z als Anzahl n_P der im Atomkern befindlichen Protonen erkannt. Z unterscheidet also die verschiedenen chemischen Elemente, doch kann die Anzahl der Neutronen n_N bei gleichem Z noch verschieden sein, so daß hier Isotope eines Elements mit verschiedener Massenzahl A unterschieden werden können.

Mathematisch formuliert gilt

$$n_P = Z \, , \quad n_P + n_N = A \, . \tag{2.1}$$

Schließlich können Atomkerne Radioaktivität zeigen, die sich in der spontanen „Abstrahlung" von elektromagnetischen Wellen oder von Teilen des jeweiligen Atomkerns äußert. Dabei kann sich die Neutronenzahl (Isotopenänderung), aber auch die Protonenzahl (Kernladung) ändern, so daß wir auf diese Weise zum Atomkern eines anderen chemischen Elements gelangen, da wir die Kernladungszahl mit der Art des chemischen Elements identifizieren müssen.

Wie die Nukleonen den Atomkern bilden, wird also hier nicht behandelt. Wir wissen, daß diese Kräfte (bis auf die Beispiele der Radioaktivität) so stark sind, daß die in der Chemie üblicherweise auftretenden Energien praktisch nie ausreichen, Atomkerne zu spalten, so daß der Atomkern sowie auch die Elektronen als „Bausteine" der chemischen Materie angesehen werden können, deren Dimensionen, also der Bereich, in welchem sie sich als unmittelbar existent und undurchdringbar zeigen, von der Größenordnung 10^{-15} m ist.

Im Gegensatz zu den Elektronen können die Atomkerne immer energetische Anregungszustände aufweisen, die aber die chemischen Fragestellungen sehr wenig berühren.

Elektronen tragen alle die gleiche negative (Elementar-)Ladung $-e$ und besitzen die Masse m_e:

$$e = 1,60218 \cdot 10^{-19}\,\text{C} , \quad m_e = 9,1095 \cdot 10^{-31}\,\text{kg} . \qquad (2.2)$$

Darüber hinaus weist jedes Elektron einen einheitlichen Drehimpuls (Spin) $\vec{s}$ mit dem Betrag s sowie ein magnetisches Moment (BOHRsches Magneton) μ_e auf:

$$s = 0,527 \cdot 10^{-34}\,\text{Js} , \quad \mu_e = 9,2848 \cdot 10^{-24}\,\text{JT}^{-1} . \qquad (2.3)$$

Damit sind Elektronen nicht voneinander unterscheidbar, eine Feststellung, die zum Verständnis der chemischen Bindung unentbehrlich ist! Man kann also Elektronen nur durchzählen (Anzahl der Elektronen n), aber dies bedeutet keine individuelle Unterscheidung.

Wenn wir also nun die chemische Materie aus Atomkernen und Elektronen aufgebaut betrachten, so können wir sofort die energetischen Wechselwirkungen W angeben, die zwischen ihnen vorliegen. Da es sich um „geladene" Bausteine handelt, sind diese Wechselwirkungen als COULOMB-Potentiale anzusehen, also in der Form zu schreiben:

$$W_{ee} = +\frac{e^2}{4\pi\epsilon_0 r_{ij}}$$

Abstoßende Wechselwirkung zwischen zwei Elektronen i und j, deren Abstand voneinander r_{ij} beträgt $(i, j = 1, \ldots, n)$. (2.4)

$$W_{KK} = +\frac{Z_\lambda Z_\mu e^2}{4\pi\epsilon_0 R_{\lambda\mu}}$$

Abstoßende Wechselwirkung zwischen zwei Atomkernen λ und μ mit den Kernladungen Z_λ und Z_μ, deren Abstand voneinander $R_{\lambda\mu}$ beträgt. Es sollen N Atomkerne vorliegen $(\lambda, \mu = 1, \ldots, N)$. (2.5)

$$W_{eK} = -\frac{Z_\lambda e^2}{4\pi\epsilon_0 r_{\lambda i}}$$

Anziehende Wechselwirkung zwischen dem Atomkern λ und dem Elektron i, deren Abstand voneinander $r_{\lambda i}$ beträgt $(i = 1, \ldots, n; \lambda = 1, \ldots, N)$, (2.6)

wobei wir SI-Einheiten gewählt haben, ϵ_0 wird als elektrische Feldkonstante oder Dielektrizitätskonstante des Vakuums bezeichnet. Neben den anziehenden und abstoßenden Wechselwirkungen zwischen den Atomkernen und Elektronen müssen wir annehmen, daß Atomkerne und Elektronen sich in der uns vorliegenden Materie – die sie bilden – Bewegungsenergie (kinetische Energie E_{kin}) besitzen, die wir vorerst wie folgt aufschreiben wollen:

$$E_{\text{kin}}^{(\lambda)} = \frac{1}{2} M_\lambda v_\lambda^2 \tag{2.7}$$

$$E_{\text{kin}}^{(i)} = \frac{1}{2} m_e v_i^2 \,. \tag{2.8}$$

M_λ bedeutet die Masse des Atomkerns λ; über die Geschwindigkeiten v_λ und v_i des Atomkerns λ und des Elektrons i können wir vorerst keine näheren Aussagen machen. Die Gleichungen (2.4) bis (2.6) folgen aus der Elektrostatik, die Gleichungen (2.7) und (2.8) aus der klassischen Mechanik. Damit ist gesagt, daß wir mit diesen Feststellungen aus Erfahrungsbereichen, deren Gesetze schon bekannt sind, Modellvorstellungen entwickelt haben.

Die Erfahrung zeigt bekanntlich, daß unter Zugrundelegung der Elektrostatik und der klassischen Mechanik das Verhalten von Elektronen und Atomkernen, also der chemischen Materie, *nicht* verstanden werden kann.

Anders ausgedrückt: Es können keine Postulate definiert werden, die allein aus Elektrostatik und klassischer Mechanik folgen, aus denen sich dann alle Eigenschaften der Materie ergeben, daß also alle Modelle – wir wiesen in Kapitel 1 schon darauf hin – den wirklichen Vorgängen in der Materie nicht gerecht werden, sondern sogar vom Verständnis wegführen.

Da wir aber heute – seit ungefähr 1925/26 – die Postulate kennen, um Elektronen und Atomkerne zu beschreiben, und damit alle Vorgänge der Chemie und der Materie überhaupt, soweit man sie als aus diesen „Bausteinen" gebildet voraussetzt, mit einer Theorie erfassen können, sind alle Hypothesen und Modelle darüber nur noch aus historischer Sicht zu betrachten. Auch didaktisch kann dies nur unter diesem Aspekt gesehen werden.

Wie also sieht nun die Theorie der Atomkerne und Elektronen aus? Was sind ihre Postulate, und wie geht man mathematisch und rechnerisch mit ihr um, damit der Zusammenhang zur Erfahrung hergestellt werden kann?

3 Die Bedeutung der Wellenmechanik

Der Begriff „Wellenmechanik" wäre bis in das erste Viertel unseres Jahrhunderts hinein den Naturwissenschaftlern als ein „Widerspruch an sich" vorgekommen. Hätten sie doch in diesem Wort zwei Erfahrungsbereiche verbunden gesehen, die sich gegenseitig ausschließen: einmal die Wellenvorstellung als Ausdruck oszillierender Felder, insbesondere etwa in der Form der elektromagnetischen Wellen, zum anderen die Mechanik von Teilchen, deren Bewegungen im Raum kausal beschrieben werden.

Welle und *Teilchen* – um es einmal banalisierend und kurz zu fassen – erschien undenkbar und war nur in der Vorstellung Welle *oder* Teilchen zu erfassen, wobei Wechselwirkungen zwischen Teilchen und Wellen durchaus denkbar waren, wenn nur deren klare Unterscheidung gesichert war.

In der Tat deckt sich dieser Standpunkt vollkommen mit unserer Alltagserfahrung und wäre wohl nie in Zweifel gezogen worden, wenn nicht die fortschreitende Verbesserung der Experimentaltechnik in Physik und Chemie den Zugang zu immer kleineren Partikeln ermöglicht hätte. Waren zuerst die Atome Gegenstand der Untersuchungen, so gelang es bald, die als unteilbar betrachteten Atome zu zerlegen und aufzuzeigen, daß sie aus einem Atomkern und einer Atomhülle bestehen, wobei sich in der Atomhülle Elektronen um den Kern bewegen (Elektronenhülle). Atomkerne und Elektronen wurden darüber hinaus auch getrennt beobachtet und zeigten Eigenschaften, die so gar nicht in das vorliegende „Weltbild" der Naturwissenschaften passen wollten. Oder anders ausgedrückt: Mit den bisher erkannten Naturgesetzen war das Verhalten von Elektronen und Atomkernen nicht zu erfassen und zu beschreiben. Dabei ergab sich noch, daß auch das Verhalten elektromagnetischer Strahlung Elektronen gegenüber nicht mit den bisher erkannten Erfahrungen und Gesetzen zu verstehen war, also nicht auf diese zurückgeführt werden konnten.

Im Mikrokosmos tat sich also eine „Welt" auf, die keinen Vergleich zur Alltagserfahrung zuließ und mit den bis dahin bekannten Naturgesetzen nicht verstanden werden konnte. Mit anderen Worten: Die Übertragung der schon erforschten und erfaßten Erfahrungsbereiche mit den ihnen eigenen Gleichungen auf diese neuen Erfahrungen (Modelle) im Atomaren führte nicht zum Durchbruch, war lückenhaft, führten teilweise zu falschen Resultaten oder zu unzutreffenden Voraussagen für zu erwartende neue Erfahrungen. Viele Bereiche der „neuen Welt" trotzten sogar jedem Verständnisversuch!

Besonders im ersten Viertel unseres Jahrhunderts wurden viele Spekulationen und Hypothesen geäußert sowie Modelle entworfen, ohne daß der neue Erfahrungsbereich widerspruchsfrei, vollständig und voraussagefähig erfaßt werden konnte – es fehlte eine neue Theorie!

Eine solche Theorie wäre dann in der Lage, alle Verhaltensweisen und Eigenschaften der Materie zu erfassen, soweit sie jedenfalls als aus Atomkernen und Elektronen aufgebaut betrachtet werden kann. Damit wäre sie wohl die weitreichendste Theorie, die es jemals gegeben hat, denn sie würde nicht nur Atome und Moleküle im freien Zustand erfassen, sondern auch zum Beispiel Kristalle und allgemein alle Festkörper sowie grundsätzlich alle Wechselwirkungen zwischen chemischen Verbindungen bis weit in die biologischen Fragestellungen hinein. Hier wären dann die Grenzen der Anwendbarkeit kaum klar zu erkennen, wenn man zeitabhängige Vorgänge einschließt (chemische Reaktionen) sowie alle innermolekularen Bewegungen (Schwingungen, Rotationen). Schließlich könnten in der Astrochemie auch Systeme betrachtet werden, die auf der Erde nicht existieren oder schwer herzustellen sind.

Die oben erwähnten Unerklärlichkeiten beruhten auf Experimenten, die mit der Beobachtung von Atomspektren einhergehen, wobei die Schärfe der Spektrallinien hervorzuheben ist; offensichtlich absorbieren und emittieren Atome Energien nur in bestimmten Beträgen bzw. Frequenzen und für jede Atomart spezifisch.

Dann gibt es die sogenannte Strahlung des „schwarzen Körpers", die ebenfalls mit Hilfe der klassischen Mechanik, insbesondere der statistischen Mechanik und der Wellenvorstellung, nicht zu verstehen ist.

Schließlich ist der lichtelektrische Effekt zu nennen, der ebenfalls mit Hilfe der Wellenvorstellung nicht richtig zu beschreiben war und dabei zu falschen Ergebnissen führte. Wir verstehen darunter die Erfahrung, daß im Vakuum aus einer Metallplatte Elektronen austreten können, wenn auf diese elektromagnetische Strahlung trifft.

Das gleiche gilt übrigens umgekehrt für das Verhalten eines Elektronenstrahls – also eines Korpuskelstromes –, der am Spalt (oder am Kristall) völlig überraschend Beugung und Interferenzen zeigte.

Um nun weiterdenken zu können, muß die Frage geklärt werden, welche Erfahrungen uns mit der chemischen Materie verbinden. Wir wollen definieren, daß alle Eigenschaften eines betrachteten Systems, welche wir beobachten können, dynamische Variable genannt werden sollen.

Darunter verstehen wir zum Beispiel die Energie eines Systems, die Position eines Teilchens, seinen Impuls (mit den drei Komponenten) oder den Drehimpuls eines Systems oder Teilchens, der ebenfalls ein Vektor ist. Natürlich auch die Geschwindigkeit oder das Dipolmoment eines Systems aus Elektronen und Atomkernen. Schließlich auch noch den Weg eines Teilchens bei seinen Bewegungen im System.

In der klassischen Mechanik sind alle jene Größen als dynamische Variable beobachtbar und werden auch Observable genannt.

Wir können dies noch etwas anders formulieren. In der klassischen Mechanik gilt:

1) Die Genauigkeit, mit der eine oder mehrere dynamische Variable an einem System gleichzeitig gemessen werden können, hat prinzipiell keine Grenze, es sei denn, daß diese durch die Präzision der Meßgeräte gegeben ist.

2) Da zum Beispiel die Geschwindigkeit eines Teilchens eine kontinuierliche Funktion der Zeit ist, kann die Geschwindigkeit, aber auch die dazugehörige kinetische Energie, kontinuierlich variieren, so daß es keine Einschränkung der Werte für diese dynamische Variable gibt.

3) Der Ausstrahlungsvorgang eines Atoms (oder Moleküls) ist ein stetiger Vorgang, in dem die ausgestrahlte Energie eine Funktion der Zeit ist, und somit zu jedem Zeitpunkt der bis dahin ausgestrahlte Energiebetrag exakt angegeben werden kann.

Diese Feststellungen wären für einen Naturwissenschaftler des vorigen Jahrhunderts völlig zweifelsfrei erschienen, basiert doch darauf die klassische Mechanik und damit alle mechanischen Vorgänge in der Natur.

Aber gerade das Aufgeben dieser so selbstverständlich erscheinenden Feststellungen hat zur Lösung der oben angegebenen „Widersprüche" und Unverständlichkeiten geführt – das heißt zur Wellenmechanik!

Es ist nun immerhin erstaunlich, daß es heute – über 70 Jahre nach Formulierung der Wellenmechanik – noch viele Zeitgenossen gibt, die fest davon überzeugt sind, daß obige Feststellungen selbstverständlich sind und in allen Bereichen gelten und daß kein Anlaß besteht, sie aufzugeben.

Man könnte fragen, ob die Wellenmechanik im Hinblick auf ihren großen Gültigkeitsbereich als Element der Bildung gesehen werden sollte, denn die Gültigkeit der obigen Feststellungen ist zwar im atomaren Bereich unserer Erfahrung völlig aufgehoben, doch gilt das auch für beliebig große Systeme, selbst wenn dort der Einfluß der wellenmechanischen Prinzipien weniger zu erkennen ist.

Man kann ohne Übertreibung behaupten, daß die Wellenmechanik ein neues naturwissenschaftliches Bewußtsein geschaffen hat, denn mit ihren Prinzipien sehen wir sozusagen die Materie mit völlig anderen Augen an, wobei aber die Auswirkungen dieses Weltbildes auch heute noch gar nicht voll abgeschätzt werden können.

4   Die Postulate der Wellenmechanik

Im Hinblick auf die Ausführungen im Kapitel 1 können wir nochmals betonen, daß ein Erfahrungsbereich umso besser verstanden ist, je weniger Postulate wir nötig haben, um diesen mit den Konsequenzen daraus zu beschreiben und zu erfassen, und je größer der so erfaßte Erfahrungsbereich ist. Hierin steckt eine Definition von wissenschaftlicher Wahrheit und damit von der Wahrheit überhaupt, denn Glauben – das muß hier ganz klar festgestellt werden – führt nicht zur Wahrheit, sondern bestenfalls zur zweifelsfreien Gewißheit, ohne eine Nachprüfbarkeit zu ermöglichen, ja zu erwarten. Gewißheit also im Sinne eines individuellen Sicherseins, ohne ein kollektives Prüfen oder sogar Testen!

Damit beschäftigen wir uns hier nicht, da es nur auf Wissenschaftlichkeit ankommt, auf die immer bestehende Möglichkeit des Zweifels an der Unbewiesenheit der Postulate – die natürlich nicht geglaubt werden – in der Hoffnung, diese zu reduzieren, etwa im Rahmen einer möglichen „Übertheorie", die Theorien verschiedener Erfahrungsbereiche vereinigt. Postulate sind also *unbewiesene, aufeinander nicht zurückführbare Annahmen*, um daraus ableitend die Gleichungen aufzustellen, die den jeweiligen Erfahrungsbereich „erfassen". Dogmen sind das Gegenteil von Postulaten und diese wiederum das, was von Hypothesen übrigbleibt, wenn diese an der Erfahrung und an dem Bereich der sich ergebenden Konsequenzen geprüft werden.

So war ohne Zweifel die Annahme PLANCKs, die zur richtigen Beschreibung der Strahlung des schwarzen Körpers führt, vorerst eine Hypothese (Quantenhypothese). Doch zeigte sich bald (lichtelektrischer Effekt), daß diese Annahme weiter reicht, und schließlich erkannte man (Atomspektren, chemische Bindung), daß allgemein davon ausgegangen werden konnte.

Es handelt sich dabei um die Gleichung

$$E_n - E_m = h\nu \, , \qquad\qquad (4.1)$$

die zwei Energien (E_n und E_m, $n \neq m$) eines beliebigen Systems aus Elektronen und Atomkernen (soweit diese im besonderen stationär sind) mit der Strahlung der Frequenz ν verbindet, die einer Emission oder Absorption entsprechen kann, wenn das System von E_n nach E_m übergeht (oder umgekehrt). Sie kann als die Grundgleichung der Quantentheorie gelten, bevor die Wellenmechanik entwickelt wurde.

Die „Proportionalitätskonstante" h erwies sich als eine derartig universale Naturkonstante, daß diese PLANCKsche Konstante h als das Charakteristikum der Wellenmechanik angesehen werden muß. Sie beträgt

$$h = 6,6256 \cdot 10^{-30}\,\mathrm{Js}\,,$$

ist also eine sehr kleine Größe, wenn man sie etwa mit eins vergleicht und hat die Dimension einer Wirkung, so daß h oft auch PLANCKsches Wirkungsquantum genannt wird.

Setzt man h in den Gleichungen der Wellenmechanik formal gleich Null oder läßt es gegen Null gehen, so erhält man in der Regel Aussagen, die der klassischen Mechanik entsprechen. So ergibt sich zum Beispiel in der Gleichung für die Strahlung des schwarzen Körpers daraus die Beziehung, wie sie vor der PLANCKschen Hypothese (1900) allein aus der Anwendung der klassischen statistischen Mechanik und der Wellenvorstellung erhalten worden war und der Erfahrung nur teilweise entsprach.

Noch einmal: Postulate sind nur gerechtfertigt, wenn aus den daraus folgenden Ableitungen alle möglichen experimentellen Fakten richtig vorausgesagt werden und schon gemachte Erfahrungen damit im Einklang stehen.

Man geht in der Wellenmechanik von sechs Postulaten aus, die wir nun einzeln besprechen wollen, wobei wir diese ausführlicher als üblich formulieren.

Postulat I

Jeder Zustand eines dynamischen Systems aus Elektronen und Atomkernen, wobei n Elektronen und N Atomkerne vorliegen sollen, die die Kernladungen Z_λ ($\lambda = 1, \ldots, N$) tragen, wird vollständig in seinem Verhalten durch eine Funktion $\Psi(\{\mathbf{r}\}, \{\boldsymbol{\sigma}\}, \{\mathbf{R}\}, t)$ beschrieben.

Dabei stehen $\{\mathbf{r}\}$ und $\{\mathbf{R}\}$ für die Gesamtheiten der Elektronen- und Atomkern-Ortskoordinaten. Also schreiben wir

$$\mathbf{r}_i = (x_i, y_i, z_i)\,, i = 1, \ldots, n\,; \quad \mathbf{R}_\lambda = (X_\lambda, Y_\lambda, Z_\lambda), \lambda = 1, \ldots, N\,,$$

$$(4.2)$$

wenn kartesische Koordinaten verwendet werden, was nicht unbedingt notwendig ist. Auch andere Koordinatensysteme sind selbstverständlich hier verwendbar. Es gilt dann weiter

$$\{\mathbf{r}\} = \{\mathbf{r}_1, \mathbf{r}_2, \ldots, \mathbf{r}_n\}\,; \quad \{\mathbf{R}\} = \{\mathbf{R}_1, \mathbf{R}_2, \ldots, \mathbf{R}_N\}\,. \qquad (4.3)$$

t bedeutet die Zeit. $\{\sigma\}$ steht für die Gesamtheit der Spinkoordinaten der n Elektronen $\{\sigma\} = \{\sigma_1, \sigma_2, \ldots, \sigma_n\}$. Da der Spin jedes Elektrons wie die Erfahrung zeigt nur zweier Werte fähig ist, die zwei Richtungen zu einer im System vorgegebenen Vorzugsrichtung (z. B. Feldrichtung) entsprechen, kann jedes σ_i nur zwei Werte haben, etwa σ^+ oder σ^- ($\uparrow, \downarrow$).

Die Funktion Ψ, die man Wellenfunktion nennt, ist eine komplexe Funktion. Sie kann also immer in der Form

$$\Psi = \Psi_{\text{reell}} + i\Psi_{\text{imag}} \qquad (4.4)$$

geschrieben werden ($i = \sqrt{-1}$). Die konjugierte komplexe Funktion Ψ^* von Ψ schreibt sich

$$\Psi^* = \Psi_{\text{reell}} - i\Psi_{\text{imag}}\,. \qquad (4.5)$$

Weiter gilt im Postulat I:

Die Wahrscheinlichkeit, die $n + N$ Teilchen zur Zeit t in $n + N$ sehr kleinen Raumbereichen zu finden, wobei wir hier, da wir kartesische Koordinaten verwenden, an $n + N$ kleine Würfelchen $\Delta\tau_i$ bzw. ΔT_λ

$$\Delta\tau_i = \Delta x_i \Delta y_i \Delta z_i \qquad (4.6\text{a})$$
$$\Delta T_\lambda = \Delta X_\lambda \Delta Y_\lambda \Delta Z_\lambda \qquad (4.6\text{b})$$

denken, ergibt sich zu

$$\Delta W = \Psi^* \Psi \Delta\tau_1 \cdots \Delta\tau_n \Delta T_1 \cdots \Delta T_N\,, \qquad (4.7)$$

(Aufenthaltswahrscheinlichkeit)

wobei die Orte $\mathbf{r}_i$ der Elektronen (es handelt sich insgesamt um $3n$ kartesische Koordinaten) jeweils einzeln in den n Würfelchen (4.6a) angenommen werden. Das gleiche gilt für die Orte $\mathbf{R}_\lambda$ der N Atomkerne.

Etwas ausführlicher bedeutet dies, daß zur Berechnung von $\Psi^*\Psi$ die Koordinaten in Ψ (bzw. Ψ^*) in der oben angegebenen Weise mit der Lage der $n + N$ Würfelchen zusammenhängen. Daraufhin kann dann $\Psi^*\Psi$ berechnet werden, und danach – da die Würfelchen mit ihrem sehr kleinen Volumen bekannt sind – auch die Wahrscheinlichkeit ΔW.

Diese muß, nach der Definition in der Mathematik, zwischen 0 und 1 liegen

$$0 \leq \Delta W \leq 1 \, . \tag{4.8}$$

$\Delta W = 1$ bedeutet Gewißheit (diese Situation wird immer beobachtet), während $\Delta W = 0$ einer Situation entspricht, die grundsätzlich nie auftritt (Nichtexistenz der dazugehörigen Konstellation der n Elektronen und N Atomkerne im Raum). Wegen (4.4) und (4.5) ist $\Psi^*\Psi$ immer reell und nichtnegativ, ($i^2 = -1$)

$$\Psi^*\Psi = (\Psi_{\text{reell}} - i\Psi_{\text{imag}})(\Psi_{\text{reell}} + i\Psi_{\text{imag}}) = \Psi^2_{\text{reell}} + \Psi^2_{\text{imag}} \geq 0 \, . \tag{4.9}$$

Aus dem Postulat I mit der Definition (4.8) ergibt sich folgende Konsequenz:

Summiert man alle Wahrscheinlichkeiten ΔW nach (4.7) über alle möglichen Raumlagen der $n + N$ Würfelchen auf, so muß man die Wahrscheinlichkeit dafür erhalten, alle „Teilchen" irgendwo im Raum zu finden, so daß dann der Wert eins für die Wahrscheinlichkeit resultiert. Gehen wir hier im Grenzfall zum entsprechenden Integral über, so gilt für Ψ

$$\int \cdots \int \Psi^*\Psi \, \mathrm{d}\tau_1 \cdots \mathrm{d}\tau_n \, \mathrm{d}T_1 \cdots \mathrm{d}T_N = 1 \, . \tag{4.10}$$

Man sagt, die Funktion Ψ ist auf eins normiert.

Aus der Bedeutung von Ψ (bzw. Ψ^*) folgt weiter, daß Ψ in allen Koordinaten (einschließlich t) eine stetige Funktion sein muß, und wir wollen gleich für später daran anschließen, daß auch die ersten und zweiten Ableitungen stetig sein müssen. Darüber hinaus muß Ψ eindeutig sein, und schließlich muß Ψ wegen (4.10) integrierbar in allen Raumkoordinaten sein. Das heißt Ψ muß für große $\mathbf{r}_i$ und $\mathbf{R}_\lambda$ hinreichend schnell gegen null gehen.

Nur Funktionen, die alle diese Eigenschaften aufweisen (wir werden später noch eine weitere kennenlernen), könnten (müssen aber nicht) Wellenfunktionen sein.

Postulat II

Für jede beobachtbare Eigenschaft L (Observable) eines Systems aus Elektronen und Atomkernen existiert ein dazugehöriger Operator $\mathcal{O}_L$, wobei die physikalischen und chemischen Eigenschaften der Observablen aus den mathematischen Eigenschaften des entsprechenden Operators abgeleitet werden können.

Die Zuordnungen sind wie folgt vorzunehmen ($\hbar = h/2\pi$):

Observable L		Operator $\mathcal{O}_L$	
Ortskoordinaten	x	x	
	y	y	
	z	z	(4.11a)
Impulskoordinaten	p_x	$-i\hbar\dfrac{\partial}{\partial x}$	
	p_y	$-i\hbar\dfrac{\partial}{\partial y}$	
	p_z	$-i\hbar\dfrac{\partial}{\partial z}$	(4.11b)
Energie	E	$i\hbar\dfrac{\partial}{\partial t}$	(4.11c)

Kommen wir nun zum 2. Postulat. Dazu ist nun eine Menge zu sagen! Zuerst einmal wollen wir damit beginnen, daß ein Operator $\mathcal{O}_L$ eine als Symbol abgekürzte und definierte Rechenvorschrift darstellen soll, die festlegt, was mit einer rechts vom Operator stehenden Funktion F zu „geschehen" hat.

Das Ergebnis

$$\mathcal{O}_L F = G \tag{4.12}$$

ist im allgemeinen eine neue Funktion G, die mit der Ausgangsfunktion F, was ihre mathematische Form anbetrifft, wenig zu tun haben wird. Es läßt sich nur feststellen, daß die Funktion G sich eindeutig aus der Funktion F ergibt, wenn auch der entsprechende Operator eindeutig definiert ist, was in unserem Falle immer gewährleistet sein soll.

In diesem Zusammenhang (wir sehen es in (4.11a-4.11c) haben wir es mit zwei mathematischen „Operationen" zu tun: der Multiplikation (4.11a) und der Differentiation (4.11b, 4.11c). Einige Beispiele sollen das erläutern:

$$\begin{array}{c|cccc}
\text{Operator O} & \text{Konstante } a & \text{Funktion } f & \dfrac{\partial}{\partial x} & \dfrac{\partial^2}{\partial x^2} \\[2ex]
\text{Funktion } G & a \cdot F & f \cdot F & \dfrac{\partial F}{\partial x} & \dfrac{\partial^2 F}{\partial x^2}
\end{array} \qquad (4.13)$$

wobei die Differentiation nicht nur für x, sondern für alle Raumkoordinaten ($\mathbf{r}$ und $\mathbf{R}$) auftritt. Darüber hinaus ist zu beachten, daß wir ja jede Meßgröße (etwa Ortskoordinaten, Impulse, Gesamtenergien – um einige zu nennen) als Funktion der Orts- und Impulskoordinaten darstellen können. (Man vergleiche (2.4) bis (2.8)).

Für jede Observable gibt es also eine Funktion Λ_L, die von Orts- und Impulskoordinaten abhängt

$$\Lambda_L = \Lambda_L(x, y, z, \dots, p_x, p_y, p_z, \dots)\,, \qquad (4.14)$$

und wenn man darin nach Postulat II die einzelnen Grundoperationen einsetzt, erhält man den dazugehörigen Operator

$$\Lambda_L \to \mathcal{O}_L\,. \qquad (4.15)$$

Wir wollen mit einem sehr einfachen Beispiel beginnen, welches allerdings schon alles Wesentliche, worauf es ankommt, enthält:

Die kinetische Energie T (eine der Eigenschaften eines Systems) eines Teilchens mit der Masse m ergibt sich in kartesischen Koordinaten zu

$$\Lambda_T \equiv T = \frac{1}{2m}(p_x^2 + p_y^2 + p_z^2)\,, \qquad (4.16)$$

wenn p_x, p_y und p_z die Impulskoordinaten in x-, y- und z- Richtungen sind.

Nach Postulat II ergibt sich der dazugehörige wellenmechanische Operator $\mathcal{O}_T\,(T\mathrel{\hat{=}}L)$ zu

$$\begin{aligned}
\Lambda_T \to \mathcal{O}_T &= \frac{1}{2m}\left(-i\hbar\frac{\partial}{\partial x}\right)\left(-i\hbar\frac{\partial}{\partial x}\right) + \frac{1}{2m}\left(-i\hbar\frac{\partial}{\partial y}\right)\left(-i\hbar\frac{\partial}{\partial y}\right) \\
&\quad + \frac{1}{2m}\left(-i\hbar\frac{\partial}{\partial z}\right)\left(-i\hbar\frac{\partial}{\partial z}\right) \qquad (4.17) \\
&= -\frac{\hbar^2}{2m}\left(\frac{\partial^2}{\partial x^2} + \frac{\partial^2}{\partial y^2} + \frac{\partial^2}{\partial z^2}\right) \\
&= -\frac{\hbar^2}{2m}\Delta\,, \qquad (4.18)
\end{aligned}$$

so daß der Δ-Operator sich ergibt zu

$$\Delta = \frac{\partial^2}{\partial x^2} + \frac{\partial^2}{\partial y^2} + \frac{\partial^2}{\partial z^2} \, . \tag{4.19}$$

Das ist die Darstellung in kartesischen Koordinaten. Genauso kann man auch andere Koordinatensysteme verwenden, wenn man sich der Umrechnungsformeln bedient. Das gleiche gilt für die kinetische Energie eines Atomkernes

$$\mathcal{O}_T = -\frac{\hbar^2}{2M}\left(\frac{\partial^2}{\partial X^2} + \frac{\partial^2}{\partial Y^2} + \frac{\partial^2}{\partial Z^2} \right) = -\frac{\hbar^2}{2M}\Delta \, , \tag{4.20}$$

wenn M die Masse des Atomkerns ist und Δ in den entsprechenden kartesischen Koordinaten verstanden wird.

Wir gehen in diesem Beispiel noch einen Schritt weiter und fragen nach dem Operator $\mathcal{O}_T^{(e)}$ der kinetischen Energie von n Elektronen. Dieser ergibt sich konsequenterweise zu

$$\mathcal{O}_T^{(e)} = -\frac{\hbar^2}{2m}\sum_{i=1}^{n}\Delta_i \, , \tag{4.21}$$

wenn

$$\Delta_i = \frac{\partial^2}{\partial x_i^2} + \frac{\partial^2}{\partial y_i^2} + \frac{\partial^2}{\partial z_i^2} \, . \tag{4.22}$$

Ebenso für die Kerne

$$\mathcal{O}_T^{(K)} = -\frac{\hbar^2}{2}\sum_{\lambda=1}^{N}\frac{1}{M_\lambda}\Delta_\lambda \tag{4.23}$$

mit

$$\Delta_\lambda = \frac{\partial^2}{\partial X_\lambda^2} + \frac{\partial^2}{\partial Y_\lambda^2} + \frac{\partial^2}{\partial Z_\lambda^2} \, , \tag{4.24}$$

so daß der gesamten kinetischen Energie des Systems aus n Elektronen und N Atomkernen der entsprechende Operator

$$\mathcal{O}_T = \mathcal{O}_T^{(e)} + \mathcal{O}_T^{(K)} \tag{4.25}$$

zugeordnet werden muß. Dabei bedeuten die oberen Indizes (e) und (K) die Hinweise auf das Elektronen- bzw. Atomkern-System. M_λ ist die Masse des Kernes λ, m sei die Elektronenmasse, wie oben angegeben.

Wie sieht nun der Operator der potentiellen Energie von Elektronen und Atomkernen aus? Da die Wechselwirkungen dieser Teilchen in Form von COULOMB-Potentialen vorliegen, etwa zwischen dem Atomkern λ und dem Elektron i in der Form

$$W_{\mathrm{eK}} = - \sum_{i=1}^{n} \sum_{\lambda=1}^{N} \frac{Z_\lambda e^2}{4\pi\epsilon_0 r_{\lambda i}} \, , \tag{4.26}$$

gilt (4.11a), wobei $r_{\lambda i}$ der Abstand zwischen Elektron i und Atomkern λ bedeutet, wird die Wechselwirkung zwischen den n Elektronen entsprechend in der Form

$$W_{\mathrm{ee}} = \sum_{i=1}^{n-1} \sum_{j=i+1}^{n} \frac{e^2}{4\pi\epsilon_0 r_{ij}} \tag{4.27}$$

erfaßt, wenn r_{ij} den Abstand zwischen zwei Elektronen i und j darstellt. Entsprechend ergibt sich die Wechselwirkung der N Atomkerne zu

$$W_{\mathrm{KK}} = \sum_{\lambda=1}^{N-1} \sum_{\mu=\lambda+1}^{N} \frac{Z_\lambda Z_\mu e^2}{4\pi\epsilon_0 R_{\lambda\mu}} \, , \tag{4.28}$$

wobei $R_{\lambda\mu}$ entsprechend der Abstand zwischen den Atomkernen λ und μ bedeutet.

Daraus ergibt sich dann schließlich die gesamte potentielle Energie P des Elektronen- und Atomkern-Systems zu

$$\mathcal{O}_P \equiv W = W_{\mathrm{ee}} + W_{\mathrm{eK}} + W_{\mathrm{KK}} \, . \tag{4.29}$$

Da in W nur Ortskoordinaten vorkommen und keine Impulskoordinaten, ist hier nur (4.11a) anzuwenden. Damit stellt $\mathcal{O}_P$ die Multiplikation der Funktion F in (4.12) mit W nach (4.29) dar:

$$\mathcal{O}_P F \equiv W F = G \, . \tag{4.30}$$

Der Operator $\mathcal{O}_\mathcal{E}$ der Gesamtenergie $\mathcal{E}$, also der Summe aus potentieller und kinetischer Energie des Elektronen- und Atomkern- Systems, wird HAMILTON-Operator $\mathcal{H}$ genannt und ergibt sich schließlich zu

$$\mathcal{O}_\mathcal{E} \equiv \mathcal{H} = \mathcal{O}_T + \mathcal{O}_P \,, \tag{4.31}$$

oder ausführlicher

$$\mathcal{H} = -\frac{\hbar^2}{2m} \sum_{i=1}^{n} \Delta_i - \frac{\hbar^2}{2} \sum_{\lambda=1}^{N} \frac{1}{M_\lambda} \Delta_\lambda + \sum_{i=1}^{n-1} \sum_{j=i+1}^{n} \frac{e^2}{4\pi\epsilon_0 r_{ij}}$$
$$- \sum_{i=1}^{n} \sum_{\lambda=1}^{N} \frac{Z_\lambda e^2}{4\pi\epsilon_0 r_{\lambda i}} + \sum_{\lambda=1}^{N-1} \sum_{\mu=\lambda+1}^{N} \frac{Z_\lambda Z_\mu e^2}{4\pi\epsilon_0 R_{\lambda\mu}} \,. \tag{4.32}$$

Dieser Operator spielt eine entscheidende Rolle in der Wellenmechanik, denn nur in der Gesamtenergie steckt die Information über den Typ des jeweiligen Systems, was wir betrachten wollen, denn in $\mathcal{H}$ ist die Anzahl der Elektronen und Atomkerne enthalten sowie die dazugehörigen Kernladungszahlen.

Für Wasser (H_2O) wären das die Größen $n = 10$, $N = 3$ und $Z_O = 8$, $Z_H = Z_{H'} = 1$, wenn die beiden Wasserstoffatome mit H und H' unterschieden werden. M_O bzw. M_H und $M_{H'}$ sind dann die entsprechenden Atomkernmassen.

Als Naturkonstanten – das sei auch noch gesagt – treten h, e und m auf, sowie in M_λ die entsprechenden Vielfachen der Massen von Proton und Neutron.

Postulat III

Die Wellenfunktion $\Psi(\{\mathbf{r}\}, \{\boldsymbol{\sigma}\}, \{\mathbf{R}\}, t)$ ist durch die Differentialgleichung

$$\mathcal{H}\Psi = i\hbar \frac{\partial \Psi}{\partial t} \ (= \mathcal{O}_\mathcal{E} \Psi) \tag{4.33}$$

gegeben.

Abgesehen davon, daß wir in (4.33) erkennen, daß Ψ eine komplexe Funktion (4.4) sein muß, liefert Postulat III die Möglichkeit, die Wellenfunktion zu berechnen, wobei in $\mathcal{H}$ – wie oben schon betont – die Grundinformationen über das zu betrachtende System stecken!

Wir nennen (4.33) die zeitabhängige SCHRÖDINGER-Gleichung; sie beschreibt zeitabhängige Vorgänge an Systemen aus Elektronen und Atomkernen und ist somit auch für nichtstationäre Zustände des Systems zuständig.

Der Gültigkeitsbereich der zeitabhängigen SCHRÖDINGER-Gleichung kann kaum übersehen werden, denn die Bewegungen von Elektronen und Atomkernen, die uns hier interessieren, sind praktisch alle Vorgänge, die in der chemischen Materie ablaufen können, wie etwa Reaktionen oder alle spektroskopischen Verhaltensweisen. Wir wollen noch hinzufügen, daß der HAMILTON-Operator auch von der Zeit abhängen kann, wenn wir das System nicht „für sich" betrachten, sondern unter der Einwirkung elektromagnetischer Strahlung oder anderer zeitabhängiger „Störungen".

Aber auch die Wechselwirkungen der Elektronenspins mit der Elektronenverteilung (Spin-Bahn-Kopplung) oder z. B. relativistische Effekte können in $\mathcal{H}$ Berücksichtigung finden, so daß in der Tat eine Begrenzung des Gültigkeitsbereichs von (4.33) kaum möglich ist.

Die Form der Differentialgleichung (4.33) verlangt bei der Lösung die Vorgabe von Anfangsbedingungen in der Zeit t ($t = t_0$). Dann aber ist die zeitliche Entwicklung von Ψ nach (4.33) vorgegeben, was aber nicht bedeutet, daß die Bewegungen der Elektronen und Atomkerne kausal verlaufen, wie Postulat I feststellt. Im Laufe der Zeit können nur Wahrscheinlichkeitsaussagen über das System gemacht werden, bis eine Messung erfolgt, und gerade die Aussage des Postulats I (2. Teil) zeigt, daß auch über die zu erwartende Lage der Teilchen (Observable des Ortes) nur statistische Aussagen möglich sind.

Das gilt aber nicht für alle Observablen, und damit kommen wir zu

> **Postulat IV**
>
> $\mathcal{O}_L$ sei ein zur Observablen L gehörender Operator (siehe Postulat II).
> Betrachten wir einen Satz identischer Systeme (gleiche Zahl von Elektronen und Atomkernen) mit der jeweils dazugehörigen Wellenfunktion
> Ψ (nach Postulat III), so wird man nach einer Serie von Messungen der
> Observablen L an Systemen immer das Ergebnis L_s erhalten, wenn
>
> $$\mathcal{O}_L \Psi_s = L_s \Psi_s \qquad (4.34)$$
>
> zutrifft. Das gilt auch umgekehrt: Ist (4.34) erfüllt, so werden an allen
> Systemen wiederholt L_s gemessen.

*Mit diesem Postulat ist der Zusammenhang zwischen dem mathematischen
Formalismus der Wellenmechanik und dem Experiment hergestellt.* Wie wir
oben feststellten, hat der HAMILTON-Operator $\mathcal{H}$ eine besondere Bedeutung,
da er systemspezifisch ist. Mit ihm ergibt sich (4.34) als die zeitunabhängige
SCHRÖDINGER-Gleichung

$$\mathcal{H}\Psi_s = \mathcal{E}_s \Psi_s \, , \qquad (4.35)$$

und wir sehen daraus, daß sich auf diese Weise die erlaubten diskreten
stationären Energiezustände eines Systems aus Elektronen und Atomkernen
berechnen lassen, da jetzt die Energie des Gesamtsystems unabhängig von
der Zeit ist. Die zeitunabhängige SCHRÖDINGER-Gleichung erfaßt also die
stationären Zustände des Systems, wie wir sie schon in (4.1) kennengelernt
hatten. Damit ist der Zugang zur Spektroskopie aufgezeigt. Jeder stationäre
Zustand ist somit durch den Index s zu unterscheiden – die verschiedenen
diskreten Energien des Systems. Wir wollen aber noch hinzufügen, daß
es auch Energiebereiche gibt, bei denen alle darin befindlichen $\mathcal{E}$-Werte in
(4.35) auftreten können. Wir nennen diesen Energiebereich das Kontinuum.

Da in der Regel (vom Kontinuum abgesehen) nur für bestimmte s-Werte
($s = 0, 1, \ldots$) in (4.34) eine Wellenfunktion Ψ_s existiert ($\Psi \equiv 0$ nennen
wir eine triviale Lösung), also eine Funktion Ψ_s, die – in (4.34) hineingeschrieben – diese mathematische Gleichung erfüllt, wird (4.34) auch als
Eigenwert-Gleichung bezeichnet mit Ψ_s ($s = 0, 1, \ldots$) als Eigenfunktion
und $\mathcal{E}_s$ als Eigenwert (Energie-Eigenwert in (4.35)).

$\mathcal{O}_L$ in (4.34) ist also in jedem Falle bis auf $\mathcal{H}$ in (4.33) von der Zeit unabhängig. In (4.35) muß allerdings davon ausgegangen werden, daß $\Psi^*\Psi$ hier jetzt auch zeitunabhängig angenommen werden muß, da es sich um stationäre Zustände handelt.

Die stationäre SCHRÖDINGER-Gleichung ist ein Spezialfall von (4.34). Um andere Eigenschaften, z. B. den Wert des Drehimpulses in x-Richtung für den Zustand Ψ_s zu bestimmen, bildet man nach Postulat IV die entsprechende Eigenwert-Gleichung (4.34) mit $\mathcal{O}_L$ als zutreffendem Operator und erhält in L_s den zu $\mathcal{E}_s$ gehörenden Eigenwert des Drehimpulses. Auf diese Weise kann man weitere diskrete Observablen-Werte erhalten, die zu $\mathcal{E}_s$ (mit Ψ_s) gehören. Es ist üblich, gerade auf diese Weise jeden $\mathcal{E}_s$-Zustand dadurch zu charakterisieren, welche anderen Eigenschaften des Systems mit ihm dadurch verknüpft sind. Dabei kommt es durchaus vor, daß gleiche L-Werte (etwa Drehimpulswerte) zu verschiedenen $\mathcal{E}_s$ gehören können. Man kann daher so vorgehen, daß man $L_{s,s'}$ schreibt, wobei s' für alle weiteren Eigenschaften des Systems steht, die zum Zustand $\mathcal{E}_s$ gehören. Ebenso verfährt man bei Ψ_s, besonders dann, wenn es mehrere Ψ_s zu $\mathcal{E}_s$ nach (4.35) gibt – ein Fall, den wir als Entartung des Eigenwertes $\mathcal{E}_s$ bezeichnen –, weil dann verschiedene s' (oder mehrere s') zu verschiedenen nicht-energetischen Eigenschaften gehören. Wir werden dies später noch an Beispielen erläutern.

Wir haben bisher im Rahmen des Postulats IV von sogenannten „scharfen Werten" von L ($L \neq \mathcal{E}$) gesprochen, wenn $\mathcal{E}_s$ und Ψ_s vorliegen. Es gibt aber auch Eigenschaften L, die sich nicht als Eigenwerte nach Postulat IV (z. B. (4.34)) berechnen lassen, obwohl ein diskreter $\mathcal{E}_s$-Wert und eine dazugehörende Wellenfunktion Ψ_s existieren. Mit anderen Worten: Diese Eigenschaften des Systems werden nicht mit Hilfe von Ψ_s nach Postulat IV beschrieben, da *keine* Eigenwert- Gleichung vorliegt. Wir werden also – und das ist auch eine Aussage des Postulats IV – verschiedene L-Werte an einem Satz identischer Systeme messen. Dazu ist folgendes zu sagen:

> **Postulat V**
>
> Der Mittelwert $\overline{L}$ der Verteilung dieser verschiedenen L-Werte, die gemessen werden können, ist durch
>
> $$\overline{L}_s = \frac{\int \Psi_s^* \mathcal{O}_L \Psi_s \, \mathrm{d}\tau}{\int \Psi_s^* \Psi_s \, \mathrm{d}\tau} \qquad (4.36)$$
>
> gegeben.

Das Postulat V sagt also das experimentelle Ergebnis voraus, wenn ein System nicht durch eine Eigenfunktion des Operators $\mathcal{O}_L$ beschrieben wird. Gleichzeitig ist aber nach wie vor Ψ_s Lösung der SCHRÖDINGER- Gleichung (z. B. (4.35)).

Man nennt $\overline{L}_s$ auch den Erwartungswert von L bei vorliegendem Ψ_s. Es handelt sich hier nicht um einen zeitlichen Mittelwert, sondern um das numerische Mittel vieler Messungen von L.

Da Ψ_s normiert auf eins vorausgesetzt werden kann, schreibt sich (4.36) mit normierter Wellenfunktion

$$\overline{L}_s = \int \Psi_s^* \mathcal{O}_L \Psi_s \, \mathrm{d}\tau \, . \qquad (4.37)$$

Falls Ψ_s eine Eigenfunktion von $\mathcal{O}_L$ ist, geht offenbar wie erwartet $\overline{L}_s$ in L_s über.

Die Integrationen in (4.36) bzw. (4.37) beziehen sich auf alle beteiligten Teilchen sowie auf die Summierung über alle möglichen Spin-Stellungen (s. o.) der Teilchen. Das gilt auch in Zukunft, wenn wir ein derartiges Symbol

$$\int \text{Integrand} \, \mathrm{d}\tau \qquad (4.38)$$

verwenden. In (4.37) ist der Integrand gleich $\Psi_s^* \mathcal{O}_L \Psi_s$.

Wir wollen aber nicht unterlassen, darauf hinzuweisen, daß in der Literatur auch andere „Abkürzungen" verwendet werden, so etwa

$$\overline{L}_s = \frac{(\Psi_s \,|\, \mathcal{O}_L \,|\, \Psi_s)}{(\Psi_s \,|\, \Psi_s)} \qquad (4.39)$$

oder z. B.

$$\overline{L}_s = \frac{\langle\, \Psi_s \,|\, \mathcal{O}_L \,|\, \Psi_s \,\rangle}{\langle\, \Psi_s \,|\, \Psi_s \,\rangle} \, . \qquad (4.40)$$

Als Erweiterung von (4.37) geben wir noch den Ausdruck für verschiedene Ψ_s und $\Psi_{s'}$ an in der Form

$$\overline{L}_{s,s'} = \int \Psi_s^* \mathcal{O}_L \Psi_{s'}\, \mathrm{d}\tau \, , \qquad (4.41)$$

den man das Übergangselement $\overline{L}_{s,s'}$ nennt, da zwei Zustände $\mathcal{E}_s$ und $\mathcal{E}_{s'}$ nach (4.35) vorkommen, und es zeigt sich, daß (4.41) für bestimmte Operatoren, die darin stehen, Aussagen zu Übergängen von Ψ_s nach $\Psi_{s'}$ (oder umgekehrt) machen kann.

Schließlich kommen wir zum letzten Postulat, dem **Postulat VI**, welches ein wenig aus dem Rahmen der bisherigen Postulate herausfällt, da es eine Aussage über eine notwendige Symmetrieeigenschaft von Ψ macht, die mit dem jeweiligen Molekülsystem nichts zu tun hat, so daß es sich in seinen Überlegungen an das Postulat I (Teil 2) anlehnt.

Der Ausdruck $\Psi^*\Psi$ ist nach (4.7) ein Maß für die Wahrscheinlichkeit, die $n + N$ Teilchen (Atomkerne und Elektronen) einzeln in den $n + N$ Würfelchen zu finden. Wir erinnern dabei daran, daß Elektronen nicht unterscheidbar sind, wie wir oben schon feststellten. Das gilt nicht so allgemein für Atomkerne, sondern nur für Atomkerne eines Isotops desselben Elements (gleiches Z) kann das gleiche gesagt werden.

In einem System aus Elektronen und Atomkernen werden wir im allgemeinen verschiedene Isotope zu erwarten haben. Aus diesem Grunde wollen wir vorerst das Elektronensystem allein betrachten.

Da $\Psi^*\Psi$ nicht davon abhängen kann, wie wir die n nicht unterscheidbaren Elektronen durchzählen ($i = 1, \ldots , n$), bedeutet dies, daß $\Psi^*\Psi$ nicht von irgendwelchen Vertauschungen der Elektronenkoordinaten abhängen kann!

Jede derartige Permutation der Koordinaten der n Elektronen in $\Psi^*\Psi$ ändert *nicht* die damit verbundenen Wahrscheinlichkeitsaussagen.

Es gibt insgesamt $n! = 1 \cdot 2 \cdot 3 \cdot 4 \cdot \ldots \cdot n$ Möglichkeiten, die Koordinaten der Elektronen (einschließlich Spin-Koordinaten) zu permutieren.

Betrachten wir drei Elektronen (die Kernkoordinaten lassen wir aus obigen Gründen außer Betracht), so ist nicht nur

$$\Psi^*(1, 2, 3)\Psi(1, 2, 3) \tag{4.42}$$

zu betrachten, sondern auch die weiteren fünf Möglichkeiten

$$\Psi^*(2, 1, 3)\Psi(2, 1, 3)$$
$$\Psi^*(1, 3, 2)\Psi(1, 3, 2)$$
$$\Psi^*(3, 2, 1)\Psi(3, 2, 1)$$
$$\Psi^*(3, 1, 2)\Psi(3, 1, 2)$$
$$\Psi^*(2, 3, 1)\Psi(2, 3, 1)\,,$$

die immer zur gleichen Wahrscheinlichkeit ΔW nach (4.7) führen.

Jede Permutation kann aber, wie man schon aus (4.43) leicht ersehen kann (und das gilt auch für $n > 3$), als nacheinander auszuführende Vertauschungen (Transpositionen) zweier Elektronenkoordinaten aufgefaßt werden. So kommt man von $\Psi(1, 2, 3)$ nach $\Psi(2, 3, 1)$, indem man in $\Psi(1, 2, 3)$ erst 1 mit 2 und danach noch 1 mit 3 vertauscht. Es sind also mindestens zwei Vertauschungen erforderlich, um die obige Permutation darzustellen! Wir wollen immer die kleinstmögliche Anzahl von Vertauschungen betrachten, die eine Permutation ersetzen.

Es genügt danach, nur die Vertauschungen zweier Elektronenkoordinaten zu betrachten, um damit das Verhalten von Ψ nach der „Operation P_m" – einer Permutation – zu studieren. In der Tat kann man P_m auch als einen Operator betrachten, dem allerdings keine Observable zugeordnet werden kann, der aber bezüglich Ψ eine große Rolle spielt, wie wir gleich sehen werden.

Da $\Psi^*\Psi$ nach Anwendung von P_m oder der Vertauschung T_{ij} (Vertauschung der Gesamtkoordinaten der Elektronen i und j) unverändert bleiben muß, bedeutet dies, daß Ψ selbst nach Anwendung von T_{ij} entweder unverändert bleibt oder nur sein Vorzeichen ändert, denn damit bleibt $\Psi^*\Psi$ wie gefordert unverändert.

Wir haben also zwei Antworten

$$T_{ij}\Psi = \pm\Psi\,. \tag{4.43}$$

Ψ kann bezüglich T_{ij} symmetrisch $(+)$ oder antisymmetrisch $(-)$ sein. Bedenkt man, daß der HAMILTON-Operator $\mathcal{H}$ bezüglich der Vertauschung aller Elektronenkoordinaten symmetrisch ist,

$$T_{ij}\mathcal{H} \equiv \mathcal{H} , \qquad (4.44)$$

so erhebt sich die Frage, welche Funktion Ψ – die symmetrische oder die antisymmetrische – die Erfahrung richtig beschreibt. Denn alle Ψ-Funktionen, die durch Permutation der Elektronenkoordinaten auseinander hervorgehen, sind wegen (4.44) Lösungen der Gleichung (4.33) oder (4.35), und man kann mit Hilfe des Übergangselementes (4.41) zeigen, daß in der Natur nach den Gleichungen der Wellenmechanik keine Übergänge von symmetrischer nach antisymmetrischer Wellenfunktion (bzw. umgekehrt) stattfinden können – sie sind verboten! Alle $\mathcal{O}_L$ sind nämlich symmetrisch (wie wir noch sehen werden) bezüglich der Operation T_{ij}, so daß aus Symmetriegründen der Ausdruck (4.41) immer Null ist, wenn z. B. Ψ_s symmetrisch und $\Psi_{s'}$ antisymmetrisch bezüglich der Vertauschung zweier Elektronenkoordinaten wäre.

Hier sagt nun das

Postulat VI
Alle Wellenfunktionen sind bezüglich der Vertauschung zweier Elektronenkoordinaten (Orts- *und* Spin-Koordinaten) antisymmetrisch

$$T_{ij}\Psi = -\Psi.$$

Wir können nun noch hinzufügen, daß sie immer antisymmetrisch bleiben, weil keine Übergänge zur symmetrischen Form möglich sind!

Tatsächlich zeigt die Erfahrung, daß mit symmetrischen Wellenfunktionen völlig falsche Ergebnisse erhalten werden, also Resultate, die mit den experimentellen Erfahrungen nicht übereinstimmen.

Man nennt die Aussage des Postulats VI das PAULI-Prinzip. Es stellt eine zentrale Aussage über das Symmetrieverhalten von Ψ dar und bestimmt ganz wesentlich alle Aussagen der Wellenmechanik über Elektronensysteme. Es beherrscht den Atombau (Periodensystem) ebenso wie die Bildung von Molekülen. *Ohne PAULI-Prinzip ist ein Verständnis der chemischen Bindung nicht möglich!*

Interessant ist nun weiter, daß das PAULI-Prinzip nur für alle Teilchen mit halbzahligem Spin gilt (die man Fermionen nennt), wobei das Elektron – wie oben schon angegeben – den Spin $\hbar/2$ besitzt. Atomkerne, aber auch andere Teilchen, mit dem Spin $n\hbar/2$ ($n = 1, 3, 5, \ldots$) werden danach ebenfalls durch antisymmetrische Wellenfunktionen beschrieben. Dagegen gelten für Teilchen mit ganzzahligem Spin $n\hbar$ ($n = 0, 1, 2, \ldots$) – die sogenannten Bosonen, zu denen auch einige Atomkerne zu rechnen sind – symmetrische Wellenfunktionen.

Damit haben wir die Grundlagen der Wellenmechanik dargelegt und auf diese Weise ein Beispiel dafür gegeben, wie unsere Erkenntnis gewonnen und formuliert wird. (Wir haben die bereits in Kapitel 1 im Rahmen der Diskussion über Verständnis dargelegt.) Die Wellenmechanik ist also eine Theorie, keine Hypothese und schon gar keine Spekulation, denn ihre Gültigkeit umfaßt alle Vorgänge der chemischen Materie. Sie ermöglicht Voraussagen und kann schon gemachte Erfahrungen auf die Postulate zurückführen.

Sie ist damit eine der tiefgreifendsten und breitesten (vom Anwendungsbereich her) Theorien, und es ist sicher nicht übertrieben, daß sie damit auch zur allgemeinen naturwissenschaftlichen Bildung gehört und auch zur Bildung des heutigen Menschen überhaupt, wenn er der Umwelt nicht verständnislos und duldend gegenüberstehen will. Die philosophischen, besonders die erkenntnistheoretischen Aspekte der Wellenmechanik sind auch heute kaum voll zu übersehen.

5 Allgemeine Folgerungen

Wir wollen nochmals herausstellen, daß das Wesentliche der Wellenmechanik – und dadurch unterscheidet sie sich von allen vorhergehenden Theorien – darin besteht, daß eine Observable L eindeutig einem Operator $\mathcal{O}_L$ zugeordnet wird

$$\mathcal{O}_L \leftrightarrow L \,, \tag{5.1}$$

und daß damit ein Zusammenhang zwischen mathematischer Beschreibung ($\mathcal{O}_L$) und Erfahrung (L) hergestellt wird. Alle experimentellen Vorgänge (Messen) finden dann auf der mathematischen Seite ihre Entsprechung durch Gleichungen mit $\mathcal{O}_L$ und den Werten von L (Eigenwerte von Differentialgleichungen mit den entsprechenden Operatoren).

Die Operatoren der Wellenmechanik haben eine Eigenschaft, die man ihnen nicht so ohne weiteres ansieht, die aber für alle $\mathcal{O}_L$ gilt und weitgehende Konsequenzen hat. Es gilt nämlich für beliebige Funktionen ϕ und φ (die von allen Orts- und Spinkoordinaten der beteiligten Teilchen abhängen), soweit sie nur normierbar sind

$$\int \varphi^* \mathcal{O}_L \phi \, \mathrm{d}\tau = \int \phi \mathcal{O}_L^* \varphi^* \, \mathrm{d}\tau \,. \tag{5.2}$$

Das ist in der Tat eine recht unanschauliche Beziehung, aber wir möchten hier schon feststellen, daß dies nur der erste Eindruck ist. Später werden wir auch in anderen Fällen erkennen, daß man sehr klare, anschauliche Interpretationen angeben und Konsequenzen daraus ziehen kann, die oft nicht so ohne weiteres zu sehen sind. Dies ist aber charakteristisch für die Wellenmechanik und eigentlich für alle Theorien, wenn sie große Erfahrungsbereiche erfassen.

Zuerst einmal: Diese Eigenschaft von $\mathcal{O}_L$ in (5.2) nennen wir Hermitizität. *Alle Operatoren der Wellenmechanik sind hermitesch!*

Jetzt zu einer Konsequenz: Schreiben wir noch einmal die Operatorengleichung (4.34)

$$\mathcal{O}_L \Psi_s = L_s \Psi_s \tag{5.3a}$$

auf, und dazu noch die daraus zu erhaltende konjugiert komplexe Form

$$\mathcal{O}_L^* \Psi_s^* = L_s^* \Psi_s^* \, , \tag{5.3b}$$

wobei wir ja vorerst annehmen müssen, daß auch die Meßwerte L_s der Observablen L (mit der dazugehörigen Amplitudenfunktion Ψ_s) komplex sein könnten. Daß (5.3b) gilt, wenn (5.3a) vorliegt, ist damit zu erklären, daß der Übergang zur konjugiert komplexen Form, also die Ersetzung von i durch $-i$ in der Gleichung (5.3a), diese nicht ungültig machen kann, weil diese Prodzedur auf beiden Seiten der Gleichung geschieht.

Nun multiplizieren wir (5.3a) mit Ψ_s^* und (5.3b) mit Ψ_s und integrieren jede Gleichung über alle Teilchenkoordinaten. Wir erhalten

$$\int \Psi_s^* \mathcal{O}_L \Psi_s \, \mathrm{d}\tau = L_s \int \Psi_s^* \Psi_s \, \mathrm{d}\tau \tag{5.4a}$$

$$\int \Psi_s \mathcal{O}_L^* \Psi_s^* \, \mathrm{d}\tau = L_s^* \int \Psi_s \Psi_s^* \, \mathrm{d}\tau \, . \tag{5.4b}$$

Man sieht sofort, daß die Integrale der rechten Seiten gleich sind, weil es sich im Integranden nur um das Produkt $\Psi_s^* \Psi_s \equiv \Psi_s \Psi_s^*$ handelt. Aber auch die Integrale der linken Seite sind gleich, denn setzen wir $\varphi = \phi = \Psi_s$ in (5.2) ein, so sehen wir, daß die dann entstandenen Integrale (5.2) mit denen der linken Seiten in (5.4a), (5.4b) (wegen der Hermitizität von $\mathcal{O}_L$) übereinstimmen.

Ziehen wir also nun (5.4b) von (5.4a) ab, so erhalten wir schließlich

$$(L_s - L_s^*) \int \Psi_s^* \Psi_s \, \mathrm{d}\tau = 0 \, , \tag{5.5}$$

und weil $\Psi_s^* \Psi_s$ positiv ist (siehe oben), muß

$$L_s = L_s^* \tag{5.6}$$

gelten. Dies bedeutet, daß die Eigenwerte des Operators $\mathcal{O}_L$ immer reell sind. Wären sie es nämlich nicht, dann könnte man

$$L_s = \lambda_{\mathrm{reell}} + i\lambda_{\mathrm{imag}} \tag{5.7}$$

schreiben (siehe oben). Wegen (5.6) muß aber $\lambda_{\mathrm{imag}} = 0$ sein, was zu beweisen war.

Es wäre auch sehr schlimm, wenn komplexe Meßwerte L_s möglich gewesen wären, die Theorie hätte dann sofort verworfen werden müssen, denn „Zeigerstellungen" sind immer reell!

Nachdem wir verstanden haben, daß die Eigenwerte hermitescher Operatoren $\mathcal{O}_L$ immer reell sind, wollen wir ähnliches nochmals durchspielen, indem wir die beiden Gleichungen

$$\mathcal{O}_L \Psi_s = L_s \Psi_s \tag{5.8a}$$

$$\mathcal{O}_L^* \Psi_{s'}^* = L_{s'}^* \Psi_{s'}^* = L_{s'} \Psi_{s'}^* \tag{5.8b}$$

betrachten, wobei sich der letzte Teil von Gleichung (5.8b) aus der eben festgestellten Tatsache reeller Eigenwerte $L_{s'}$ ergibt ($s, s' = 0, 1, \dots$).

Ähnlich wie oben multiplizieren wir (5.8a) von links mit $\Psi_{s'}^*$ und (5.8b) von links mit Ψ_s. Schließlich integrieren wir wieder und erhalten

$$\int \Psi_{s'}^* \mathcal{O}_L \Psi_s \, d\tau = L_s \int \Psi_{s'}^* \Psi_s \, d\tau \tag{5.9a}$$

$$\int \Psi_s \mathcal{O}_L^* \Psi_{s'}^* \, d\tau = L_{s'} \int \Psi_s \Psi_{s'}^* \, d\tau \, . \tag{5.9b}$$

Wieder sind die linken Seiten wegen (5.2) gleich und wir erhalten:

$$(L_s - L_{s'}) \int \Psi_{s'}^* \Psi_s \, d\tau = 0 \, . \tag{5.10}$$

Nehmen wir weiter an, daß Ψ_s und $\Psi_{s'}$ Eigenfunktionen zu verschiedenen Eigenwerten sind ($L_s \neq L_{s'}$), dann muß

$$\int \Psi_{s'}^* \Psi_s \, d\tau = 0 \tag{5.11}$$

sein. Man sagt: Eigenfunktionen zu verschiedenen Eigenwerten sind zueinander orthogonal (Gleichung (5.11)). Diese Aussage ist nicht trivial, denn normalerweise wird man, wenn man eine Menge von M Funktionen $\{\phi_1, \dots \phi_M\}$ betrachtet, nicht von vornherein erwarten können, daß die ϕ_i ($i = 1, \dots, M$) zueinander orthogonal sind, also

$$\int \phi_i^* \phi_j \, d\tau = 0 \tag{5.12}$$

gilt. Die Lösungen von Eigenwertgleichungen (5.3a) – von Operatorengleichungen – sind es aber, und wir nennen eine Menge von M Funktionen $\{\phi_1, \ldots, \phi_M\}$ eine orthogonale Funktionsbasis, wenn (5.12) erfüllt ist. Sind die ϕ_i darüber hinaus noch auf 1 normiert, so nennen wir $\{\phi_1, \ldots, \phi_M\}$ eine orthonormierte Basis, was zum Beispiel für die Ψ_s gilt, wobei es sich allerdings hier um eine unendliche Funktionsbasis handelt, weil M auch unendlich groß werden kann ($s = 0, 1, \ldots$).

Nun gehen wir noch einen Schritt weiter, und betrachten die Eigenwerte für zwei verschiedene Observable L und L' ($L_s \neq L'_s$):

$$\mathcal{O}_L \Psi_s = L_s \Psi_s \tag{5.13a}$$
$$\mathcal{O}_{L'} \Psi_s = L'_s \Psi_s \, . \tag{5.13b}$$

Hier beachte man zuerst, daß L_s und L'_s den gleichen Index s erhalten müssen, weil beide Observable L und L' zum gleichen Zustand Ψ_s des Systems gehören sollen. Würden wir eine weitere, dritte Eigenschaft L'' des Systems betrachten wollen, ebenfalls beim Systemzustand Ψ_s, so hätten wir

$$\mathcal{O}_{L''} \Psi_s = L''_s \Psi_s \tag{5.14}$$

zu schreiben. Nun aber wieder zurück zu (5.13a), (5.13b).

Wir wenden den Operator $\mathcal{O}_{L'}$ von links auf die Gleichung (5.13a) an und erhalten

$$\mathcal{O}_{L'} \mathcal{O}_L \Psi_s = L_s \mathcal{O}_{L'} \Psi_s \, , \tag{5.15}$$

wobei natürlich

$$\mathcal{O}_{L'} L_s = L_s \mathcal{O}_{L'} \tag{5.16}$$

gilt, weil L_s eine Konstante ist.

Betrachten wir nun die rechte Seite von (5.15) näher, so sehen wir, daß darin $\mathcal{O}_{L'} \Psi_s$ steht, was mit der linken Seite von Gleichung (5.13b) identisch ist. Wir setzen daher die rechte Seite von (5.13b) in die rechte Seite von (5.15) ein und erhalten damit

$$\mathcal{O}_{L'} \mathcal{O}_L \Psi_s = L_s L'_s \Psi_s \, . \tag{5.17}$$

Ähnlich verfahren wir mit der Gleichung (5.13b), die wir von links mit $\mathcal{O}_L$ multiplizieren. Wir erhalten dann

$$\mathcal{O}_L\mathcal{O}_{L'}\Psi_s = L'_s\mathcal{O}_L\Psi_s \,, \tag{5.18}$$

und wieder sehen wir, daß die rechte Seite von (5.18) die linke Seite von (5.13a) enthält, also gilt

$$\mathcal{O}_L\mathcal{O}_{L'}\Psi_s = L'_s L_s\Psi_s \,. \tag{5.19}$$

Was nun folgt, erwartet der unbefangene Leser nicht: Wir ziehen (5.17) von (5.19) ab, und erhalten die eigentümliche Beziehung

$$(\mathcal{O}_L\mathcal{O}_{L'} - \mathcal{O}_{L'}\mathcal{O}_L)\Psi_s = 0 \,. \tag{5.20}$$

Diese Aussage, vorerst ziemlich unverstanden, hat enorme Bedeutung für die Wellenmechanik. Das erkennt man schon daraus, daß diese Beziehung (5.20) auch „umgekehrt" gilt: Gehen wir nämlich von (5.20) aus, so gelten die Gleichungen (5.13a) und (5.13b).

Um dies zu beweisen nehmen wir Gleichung (5.13a) als gültig an, und zeigen, daß bei Verwendung von (5.20) daraus die Gleichung (5.13b) resultiert. Wir wenden von links den Operator $\mathcal{O}_L$ auf (5.13b) an, und erhalten (wie schon gehabt)

$$\mathcal{O}_L\mathcal{O}_{L'}\Psi_s = L'_s\mathcal{O}_L\Psi_s \,. \tag{5.21}$$

Jetzt aber kommt der entscheidende Schritt. Wir setzen (5.20) voraus, also

$$\mathcal{O}_L\mathcal{O}_{L'}\Psi_s = \mathcal{O}_{L'}\mathcal{O}_L\Psi_s \,, \tag{5.22}$$

und dürfen danach die beiden Operatoren in (5.21) vertauschen, erhalten somit

$$\mathcal{O}_{L'}\mathcal{O}_L\Psi_s = L'_s\mathcal{O}_L\Psi_s \,. \tag{5.23}$$

Diese Beziehung schreiben wir jetzt mit einer Klammer, ohne sie dadurch zu verändern

$$\mathcal{O}_{L'}(\mathcal{O}_L\Psi_s) = L'_s(\mathcal{O}_L\Psi_s) \,, \tag{5.24}$$

und sehen nun, daß (5.23) bzw. (5.24) nur dann mit (5.13b) – also mit der Beziehung von der wir ausgegangen waren – im Einklang steht, wenn

$$\mathcal{O}_L\Psi_s = const \cdot \Psi_s \tag{5.25}$$

angenommen wird, denn damit geht (5.24) in (5.13b) über, wobei die Konstante sich „weghebt", da sie auf beiden Seiten auftritt.

Die Gleichung (5.25) freilich ist mit der Gleichung (5.13a) identisch, wenn die Konstante mit L_s bezeichnet wird, so daß damit aus (5.13b) mit (5.20) die Gleichung (5.13a) erhalten wird, was behauptet worden war.

Was macht nun (5.20) so bedeutungsvoll? Zuerst einmal bedeutet (5.20), daß man unabhängig von der Reihenfolge der Anwendungen von $\mathcal{O}_L$ und $\mathcal{O}_{L'}$ auf Ψ_s zum gleichen Ergebnis kommt. Das wäre eigentlich noch nicht aufregend, aber sehen wir es einmal von einer anderen Seite: Wenn (5.20) existiert, also $\mathcal{O}_L$ und $\mathcal{O}_{L'}$ vertauschbar sind, dann existieren die Gleichungen (5.13a) und (5.13b) und dies gilt auch umgekehrt. Die Gleichungen (5.13a), (5.13b) bedeuten aber, wie wir oben feststellten, daß die Observablen L und L' bzw. deren Eigenwerte L_s und L'_s gleichzeitig am System „scharfe Werte" haben, und das ist für die experimentelle Situation allerdings entscheidend! Das heißt nämlich: Sind die Operatoren $\mathcal{O}_L$ und $\mathcal{O}_{L'}$ vertauschbar (Gleichung (5.20)), so kann davon ausgegangen werden, daß L und L' am System gleichzeitig „scharf" gemessen werden können. Wir haben also in diesem Falle keine Erwartungswerte vorliegen.

Mit anderen Worten: Die Eigenschaften L und L' können zur Charakterisierung des Zustandes Ψ_s mit der Energie $\mathcal{E}_s$ herangezogen werden, worauf wir oben schon hinwiesen.

Für (5.20) verwendet man im allgemeinen die Abkürzung

$$[\mathcal{O}_L, \mathcal{O}_{L'}] = 0 \tag{5.26}$$

und sagt, daß die beiden Operatoren vertauschbar sind, wobei wir davon ausgehen, daß für jede nicht verschwindende, normierbare Funktion Ψ_s die Beziehung

$$[\mathcal{O}_L, \mathcal{O}_{L'}]\Psi_s = 0 \tag{5.27}$$

gilt.

Es ist klar, daß bei der Gültigkeit von

$$[\mathcal{O}_L, \mathcal{O}_{L'}] = 0 \,, \quad [\mathcal{O}_L, \mathcal{O}_{L''}] = 0 \,, \quad [\mathcal{O}_{L'}, \mathcal{O}_{L''}] = 0 \tag{5.28}$$

drei Observable L, L' und L'' gleichzeitig scharfe Werte des Systems annehmen. Man mache sich klar, wie allgemeingültig diese Aussagen sind, die etwas über die zu erwartende Erfahrung aussagen, wobei die theoretische Behandlung auf der Ebene der wellenmechanischen Operatoren und Operatorengleichungen stattfindet!

Hier wollen wir noch nachtragen, daß einer der Operatoren, zum Beispiel $\mathcal{O}_L$, in (5.28) natürlich mit $\mathcal{H}$ identisch sein muß, denn nur dann kann man sagen, daß neben $\mathcal{E}_s$ auch L'_s und L''_s gleichzeitig scharf meßbar sind. Auf diese Weise ist der letzte und enge Bezug zum experimentellen Ergebnis – zur Art der Erfahrung – hergestellt.

Falls andererseits $\mathcal{O}_{L'}$ nicht mit $\mathcal{H}$ vertauschbar ist, können die Werte von L'_s bei diskretem $\mathcal{E}_s$ nur als Erwartungswerte erfaßt werden. Oder noch anders ausgedrückt: Liegen eine Menge von gleichen Systemen mit der gleichen Energie $\mathcal{E}_s$ vor, so werden wir an ihnen verschiedene Werte der Observablen L' messen, deren Mittelwert durch den Erwartungswert gegeben ist.

6   Die Unschärferelation

Daß der Operator des Impulses, p_x, eines Teilchens in x-Richtung mit dem Operator des Ortes, x, nicht vertauschbar ist, kann man leicht nachprüfen, wenn man entsprechend (5.20) bzw. (5.27) und dem Postulat II (4.11a), (4.11b) und (4.13)

$$-i\hbar\left(x\frac{\partial}{\partial x} - \frac{\partial}{\partial x}x\right)\Phi \tag{6.1}$$

betrachtet, denn es gilt (Produktregel der Differentiation)

$$x\frac{\partial\Phi}{\partial x} - \frac{\partial}{\partial x}x\Phi = x\frac{\partial\Phi}{\partial x} - \Phi - x\frac{\partial\Phi}{\partial x} = -\Phi\,, \tag{6.2}$$

also ist (6.1) nicht Null, wie es nach (5.27) sein sollte, wenn die Operatoren des Ortes und des Impulses vertauschbar wären. Ort und Impuls eines Teilchens sind also nicht gleichzeitig beliebig genau (scharf) meßbar!

Das ist die Aussage der HEISENBERGschen Unschärferelation, die man oft auch in einer einfacheren Form

$$\Delta x \Delta p_x \geq \frac{\hbar}{2} \tag{6.3}$$

zum Ausdruck bringt. Dabei ist Δx der prinzipielle Fehler in der Messung des Ortes x, Δp_x bedeutet die prinzipielle Ungenauigkeit der Messung des Impulses in x-Richtung. Gleichung (6.3) gilt natürlich analog auch für die y- und z-Koordinaten.

Diese Aussage ist fundamental. Sie besagt, daß grundsätzlich Ort und Impuls eines Teilchens nicht gleichzeitig scharf meßbar sind und daß diese Unschärfe (6.3) nicht durch die Unzulänglichkeiten unserer Meßapparaturen gegeben ist. Oder anders ausgedrückt: Die Bewegungen subatomarer Teilchen (Elektronen, Atomkerne) können nicht als Bahnen beschrieben werden, denn eine Bahn würde bedeuten, daß zu jeder Zeit der Ort des Teilchens und sein Impuls genau bekannt sind, so daß sich auf diese Weise der Bahnverlauf ergäbe.

Vielmehr gilt nach Postulat I (Teil 2), daß nur statistische Aussagen über die Bewegungen der Teilchen im System, bestehend aus Elektronen und Atomkernen, gemacht werden können. Allerdings ist diese Aussage bezüglich der prinzipiellen Ungenauigkeiten von Ort und Impuls von der Masse m eines Teilchens abhängig. Wenn man zum Beispiel (man kann auch y oder z verwenden) die Ungenauigkeiten auf den Ort (Δx) und auf die Geschwindigkeit (Δv_x) bezieht, so gilt wegen

$$p_x = m v_x \,, \tag{6.4}$$

und wenn wir annehmen, daß sich die Masse m nicht mit der Geschwindigkeit v_x (in x-Richtung) ändert,

$$\Delta p_x = m \Delta v_x \,. \tag{6.5}$$

Also geht (6.3) über in

$$\Delta x \Delta v_x \geq \frac{\hbar}{2m} \,, \tag{6.6}$$

und wir sehen, daß für $m \to \infty$ schließlich

$$\Delta x \Delta v_x = 0 \tag{6.7}$$

resultiert, was einer Bahnbewegung entspricht, weil dann $\Delta x = 0$ und $\Delta v_x = 0$ sein können, und das heißt, daß zu jeder Zeit Geschwindigkeit und Ort prinzipiell beliebig genau gemessen werden könnten.

Wir überlassen es dem Leser, eigene Zahlenbeispiele durchzurechnen. Er wird erkennen, daß die Unschärferelation besonders für Elektronen voll zur Wirkung kommt, denn in Raumbereichen von Atomen und Molekülen ist die Ungenauigkeit der Geschwindigkeiten in der Größenordnung von 1000 km/s. Etwas genauer: Ist der Aufenthaltsort des Elektrons im H-Atom nur auf 10^{-10} m genau bekannt (das entspricht etwa dem „Durchmesser" des Atoms), so beträgt die prinzipielle Ungenauigkeit in der Geschwindigkeit mindestens 3500 km/s, denn aus (6.6) ergibt sich mit diesen Werten ($h \approx 7 \cdot 10^{-34}$ J s; $m \approx 10^{-30}$ kg)

$$\Delta v_x \geq \frac{h}{2m\Delta x} = \frac{7 \cdot 10^{-34} \text{ J s}}{2 \operatorname{cdot} 10^{-30} \text{ kg} \cdot 10^{-10} \text{ m}} = 3500 \text{ km/s} \,. \tag{6.6a}$$

Eine solche Angabe ist völlig wertlos. Wie gesagt, das Elektron hat keine Bahnen im Wasserstoffatom und auch nicht in den anderen Atomen und Molekülen.

Schon die größeren Massen der Atomkerne zeigen, daß hier (besonders bei den schwereren Atomen) näherungsweise von Bahnen gesprochen werden könnte, aber für viele Fragen ist auch hier von Wellenfunktionen auszugehen, die die Kernkoordinaten enthalten.

7   Die Born-Oppenheimer-Näherung

Der letzte Satz des letzten Kapitels führt uns zu einer wichtigen Näherung, die in vielen Publikationen und Betrachtungen entweder so selbstverständlich erscheint, daß sie nicht erwähnt wird und daher sogleich vom Resultat dieser Näherung ausgegangen wird, oder aber nicht in voller Breite diskutiert wird, wie es in Anbetracht ihrer Bedeutung eigentlich notwendig wäre. Ohne auf Zwischenrechnungen einzugehen, was nicht der Sinn dieses Büchleins ist, wollen wir aber besonders auf die Tragweite dieser grundlegenden Näherung eingehen, denn ohne sie wäre weder eine Durchsicht der komplizierten Vorgänge eines Systems aus Elektronen und Atomkernen möglich, noch hätte die Theoretische Chemie die Erfolge aufzeigen können, die heute bis in die industrielle Anwendung reichen.

Wir gehen von der zeitabhängigen SCHRÖDINGER-Gleichung (4.33) nach Postulat III aus:

$$\mathcal{H}\Psi = i\hbar\frac{\partial\Psi}{\partial t} \, . \tag{7.1}$$

Dabei ist die Wellenfunktion Ψ, wie bisher, von den Ortskoordinaten aller Elektronen ($\{r\}$) und aller Atomkerne ($\{R\}$) abhängig, sowie von den Spins ($\{\sigma\}$) der Elektronen und von der Zeit t.

$$\Psi = \Psi(\{r\},\{\sigma\},\{R\},t) \, . \tag{7.2}$$

An dieser Stelle sind eine Reihe von Überlegungen und Vorstellungen nötig, die wir nun anstellen wollen, denn unser Prinzip, und das ist typisch für das Verhalten eines Theoretikers, besteht ja darin, nicht einfach die Gleichungen so stehen zu lassen, sondern uns bei ihrer Betrachtung einige Gedanken zu machen.

Stellen wir uns das System aus Elektronen und Atomkernen einmal näher vor. Ihre Bewegungen sind statistischer Natur, und werden nach dem Postulat I erfaßt. Es existieren keine Bahnen der Teilchen, sondern nur die maximale Information, wie sich die Teilchen mit gewissen Wahrscheinlichkeiten in bestimmten Raumbereichen aufhalten. Mehr können wir mit Hilfe von Ψ nicht erfahren, alles was darüber hinaus angenommen werden könnte, führt zu Widersprüchen mit der Erfahrung!

Nun sind die Massen M_λ ($\lambda = 1, \dots, N$) der Atomkerne ein Vielfaches größer als die der nicht unterscheidbaren Elektronen (m). Schon ein einziges Nukleon (Proton oder Neutron) hat eine Masse, die rund zweitausendmal grösser ist. Atomkerne bestehen aus vielen Nukleonen, wenn man vom leichtesten Wasserstoff-Isotop absieht, aber schon die schwereren Wasserstoff-Isotope können zwei oder drei Nukleonen besitzen.

Wenn wir also die Aufenthaltswahrscheinlichkeiten betrachten, wie sie sich proportional zu $\Psi^*\Psi$ ergeben, so wird die Unschärfe zwischen Ort und Geschwindigkeit bei den Atomkernen schwächer sein, ihre Aufenthaltswahrscheinlichkeitswerte sind sozusagen „lokalisierter" im Raum. Dies ist auch der Grund, warum wir bei Molekülen (allgemein bei Systemen von Elektronen und Atomkernen) gewohnt sind, die Lage der Atomkerne im Raum anzugeben, wobei es sich dabei allerdings nur um die wahrscheinlichste Atomkernkonstellation handelt!

Die Unschärfe bei Elektronen ist dagegen, wegen ihrer kleinen Masse, so groß, daß derartige Aussagen nicht gemacht werden können, die Wellenfunktion bezüglich der Elektronen ist also relativ „verschmiert" gegenüber ihrer Abhängigkeit von den Elektronenkoordinaten.

Atomabstände, oft Bindungsabstände, sind somit die wahrscheinlichsten Abstände zwischen den Atomkernen, und es kommt nicht selten vor, daß noch weitere Kernkonstellationen existieren, die vergleichbare Aufenthaltswahrscheinlichkeiten besitzen. So etwa bei den Isomeren, bei der Keto-Enol-Umwandlung oder bei bestimmten Wasserstoffbrücken, um nur einige Beispiele zu nennen. Natürlich existieren auch weniger wahrscheinliche Konstellationen, nur werden sie wegen der geringeren Wahrscheinlichkeit kaum beobachtet.

Man vergesse dabei nicht, daß Ψ bzw. $\Psi^*\Psi$ immer auch von der Zeit t abhängen, da kein adiabatischer Zustand vorliegt. Die Wahrscheinlichkeiten verändern sich also mit der Zeit, wie dies besonders bei Reaktionen so wesentlich zum Ausdruck kommt, wobei die Gesamtenergie bei der Festlegung der Anfangsbedingungen (s.o.) in die Untersuchungen eingeht.

Wir wollen vorerst nochmals wiederholen, daß die wellenmechanischen Gleichungen zur Beschreibung von Systemen aus Elektronen und Atomkernen bedingen, daß diese Bewegungen statistischer Natur sind, also nicht durch Bahnen beschrieben werden können, und daß zum Beispiel ein Molekül vorliegt, wenn dieses System eine ausreichend lange Zeit zusammen bleibt, also die mittleren Abstände zwischen Elektronen und Atomkernen und auch untereinander über einen gewissen Zeitraum endlich bleiben und nicht einige von ihnen mit der Zeit immer größer werden.

Ist das nicht erfüllt, so gehen wir davon aus, daß das System zerfällt, entweder in Teile mit bestimmten Atomkernen und Elektronen, oder ein oder zwei Elektronen abgibt, was einer Ionisation entsprechen würde.

Andererseits können zwei für sich stabile Systeme (Atome, Moleküle, Ionen) sich nähern, in Wechselwirkung treten und dann entweder zusammenbleiben (Addition) oder – unter Bildung anderer, neuer Teile – wieder zerfallen (Substitution). Hier handelt es sich also um Reaktionsvorgänge.

Es ist nun bemerkenswert, daß damit ein einfacher und ganz neuer Aspekt eine beträchtliche Klarheit in die vorliegende Situation bringt, und darüber hinaus sogar eine sehr allgemeine Interpretation ermöglicht:

Wegen der wesentlich grösseren Masse der Atomkerne gegenüber den Elektronen werden die letzteren wesentlich beweglicher sein als die schweren, trägeren Atomkerne. Zwischen allen Teilchen des Systems liegen Wechselwirkungen vor, wir dürfen daher annehmen, daß genauer betrachtet, die Elektronen sich sehr rasch auf die jeweilige Lage der Atomkerne im Raum einstellen werden, was umgekehrt wegen des Massenverhältnisses für die Atomkerne nicht zu erwarten ist. Anders ausgedrückt: Bei den statistischen Bewegungen der Elektronen und Atomkerne werden sich die Elektronen „fast augenblicklich“ in ihrer Wahrscheinlichkeitsverteilung auf die jeweilige Konstellation der Kerne einstellen, wie es der Wellenfunktion Ψ als Lösung der zeitabhängigen SCHRÖDINGER-Gleichung (7.1) entspricht.

Nun gehen wir noch einen Schritt weiter und nehmen an, daß man die Bewegungen aller Teilchen des Systems näherungsweise so interpretieren kann, daß das Elektronensystem sich *sofort* in seiner Verteilung um die Kerne herum deren Konstellation anpaßt, und dies so schnell, daß für jede Kernlage aus der so entstandenen Dichte des Elektronensystems ein Potential abgeleitet werden kann, in welchem sich die Kerne in der jeweiligen

Konstellation befinden. Das Potential E, in welchem sich die Kerne bewegen, ist somit von der jeweiligen Lage der N Kerne im Raum abhängig: $E = E(\{\mathbf{R}\})$.

Diesen Näherungsstandpunkt nennen wir die BORN-OPPENHEIMER-Näherung, und wir wollen zugleich betonen, daß das Potential $E(\{\mathbf{R}\})$, in welchem sich danach die N Kerne bewegen, nur durch diese Näherung definiert ist und keine Observable im Sinne der Postulate ist, *E ist also nicht meßbar!* Das Potential $E(\{\mathbf{R}\})$ – man nennt $E(\{\mathbf{R}\})$ auch die Energiehyperfläche –, ist eine Konsequenz aus *fiktiven* Annahmen über das Verhalten von Elektronen und Atomkernen. Wie wir gleich sehen werden, gelingt es mit seiner Hilfe, eine Ordnung in den Bewegungen von Elektronen und Atomkernen zu erkennen und der praktische Nutzen von $E(\{\mathbf{R}\})$ ist daher kaum voll abzuschätzen, wenn auch die Berechnung der Energiehyperflächen schwierig und aufwendig ist.

Im Rahmen der BORN-OPPENHEIMER-Näherung haben wir den Boden der methodischen Anwendungen betreten. Nachdem die Postulate zuerst einmal zu den Grundgleichungen führten, ist nun ein Schritt in Richtung Anwendung gemacht. Die BORN-OPPENHEIMER-Näherung ist also nach den Überlegungen in Kapitel 1 kein Modell, sondern eine Approximation bei einer schon vorhandenen Theorie!

Wegen des großen Massenverhältnisses von Elektronen und Atomkernen ist diese Näherung ganz ausgezeichnet, und die Ausnahmen sind in allen Fällen verstanden, worauf wir später noch ein wenig eingehen werden.

Die BORN-OPPENHEIMER-Näherung führt nun zu einer detaillierteren Form von Ψ, die (7.2) einschränkt, da nun die grundsätzliche Abhängigkeit von Ψ bezüglich der Elektronen- und Kernkoordinaten festgelegt werden muß.

Bewegen sich die N Atomkerne in einem Potential $E(\{\mathbf{R}\})$, welches *momentan* von den n Elektronen erzeugt wird und für jede Konstellation $\{\mathbf{R}\}$ berechnet werden muß, so tritt jetzt das erste Mal eine Wellenfunktion der Kerne auf, die wir

$$\chi = \chi(\{\mathbf{R}\}, t) \tag{7.3}$$

nennen wollen. Die Wahrscheinlichkeit ΔW, die N Atomkerne in N kleinen Würfeln ΔT_λ ($\lambda = 1, \ldots, N$) zum Zeitpunkt t zu finden, ist dann wieder

$$\Delta W = \chi^* \chi \Delta T_1 \cdots \Delta T_N \,. \tag{7.4}$$

Hier erkennen wir, daß wir nur die N Atomkerne zu betrachten brauchen, wenn ein Potential $E(\{\mathbf{R}\})$ bekannt ist, und daß in (7.4) Informationen über die Struktur eines Moleküls enthalten sind. Denn aus (7.4) kann die Wahrscheinlichkeit bestimmter Bindungsabstände und Bindungswinkel erhalten werden, die somit grundsätzlich statistische Mittelwerte sind, und damit können auch verschiedene, fast gleich wahrscheinliche Kernkonstellationen miteinander verglichen werden. Da $E(\{\mathbf{R}\})$ auftritt, können jetzt sogar die energetischen Differenzen der verschiedenen Kernlagen betrachtet werden, besonders diejenigen, die zu den Minima von $E(\{\mathbf{R}\})$ gehören, wobei das absolute Minimum mit der wahrscheinlichsten Kernkonstellation in Verbindung gebracht werden kann.

Neben (7.3) als Kernwellenfunktion muß nach der BORN-OPPENHEIMER-Näherung auch noch eine Wellenfunktion der n Elektronen gefunden werden

$$\psi = \psi(\{\mathbf{r}\}, \{\boldsymbol{\sigma}\}, \{\mathbf{R}\}) \,, \tag{7.5}$$

wobei ψ die Wellenfunktion darstellt, die sich bei vorgegebenem $\{\mathbf{R}\}$ (Kernlage) ergibt, oder im Sinne der BORN-OPPENHEIMER-Näherung: Bei vorgegebenem $\{\mathbf{R}\}$ stellt sich sofort die Verteilung $\psi^*\psi$ der n Elektronen ein, und da dies augenblicklich geschieht, braucht ψ in diesem besonderen Falle die Zeit nicht mehr zu enthalten. (Ψ ist dann sozusagen eine Wellenamplitudenfunktion.) Die Gleichung

$$\Delta W = \psi^*\psi\Delta\tau_1 \cdots \Delta\tau_n \tag{7.6}$$

stellt dann wieder die Wahrscheinlichkeit dar, die n Elektronen jeweils einzeln in n Würfelchen $\Delta\tau_i$ ($i = 1,\ldots,n$) zu finden, wenn die Kernlage $\{\mathbf{R}\}$ vorliegt.

Allerdings ist ψ von der Zeit abhängig, wenn das Elektronensystem zeitabhängigen Störungen unterliegt, denn dann muß sich $\psi^*\psi$ mit t ändern. Von diesen Fällen abgesehen ist der Zustand des Elektronensystems als stationär zu betrachten, welches sich für jede Kernlage einstellt, sozusagen „dazugehört". Dies kommt in der funktionellen Beziehung (7.5) zum Ausdruck, denn ψ ist eine Funktion von den Elektronenkoordinaten $\{\mathbf{r}\}$ und den Spinkoordinaten $\{\boldsymbol{\sigma}\}$, bei vorgegebenem $\{\mathbf{R}\}$. $\{\mathbf{R}\}$ geht parametrisch in ψ ein.

Ursprünglich waren wir ohne BORN-OPPENHEIMER-Näherung von Ψ nach Gleichung (7.2) ausgegangen. Welche Form hat nun Ψ im Rahmen der BORN-OPPENHEIMER-Näherung?

Da sich die Kerne – durch Einführung des Potentials E – frei in diesem „Potentialfeld" bewegen, sollte sich jetzt in Ψ, wie schon in (7.2), bei jeder Kernkonstellation im Raum die entsprechende Elektronenverteilung ψ (Wellenfunktion der Elektronen) ergeben, so daß wir von

$$\Psi = \psi(\{\mathbf{r}\}, \{\boldsymbol{\sigma}\}, \{\mathbf{R}\})\, \chi(\{\mathbf{R}\}, t) \tag{7.7}$$

ausgehen müssen. Das ist sicher nicht die Darstellung der exakten Wellenfunktion Ψ, da wir jetzt die BORN-OPPENHEIMER-Näherung eingeführt haben, aber die Formel (7.7) ist eine sehr gute Näherung, so daß wir korrekter

$$\Psi \approx \psi(\{\mathbf{r}\}, \{\boldsymbol{\sigma}\}, \{\mathbf{R}\})\, \chi(\{\mathbf{R}\}, t) \tag{7.8}$$

schreiben müssen.

Wollen wir nun die BORN-OPPENHEIMER-Näherung konsequent durchführen, so setzen wir (7.7) in die zeitabhängige SCHRÖDINGER-Gleichung (7.1) ein und führen die einzelnen Operationen von $\mathcal{H}$ an ψ und χ durch.

Wir wollen dies hier nicht näher ausführen, nur soviel sei gesagt, daß wir dabei auf einen sehr entscheidenden Punkt stoßen. Während dieser Rechnung, wie eben angedeutet, treten Ausdrücke auf, die – nimmt man die BORN-OPPENHEIMER-Näherung ernst – verschwinden müssen. Denn diese Ausdrücke (es sind Differentialausdrücke) gehen noch von der Trägheit der Elektronen aus, so daß diese danach nicht augenblicklich $E(\{\mathbf{R}\})$ aufbauen könnten, wie in der BORN-OPPENHEIMER-Näherung angenommen. Setzt man also diese Ausdrücke, die wegen des Massenverhältnisses von Kernen und Elektronen sowieso sehr klein sind, exakt gleich Null, wie es die Näherung konsequent verlangt, so erhält man ein bemerkenswertes und für den weiteren Verlauf der methodischen Entwicklung grundlegendes Ergebnis:

Die zeitabhängige SCHRÖDINGER-Gleichung (7.1) zerfällt in zwei Gleichungen, was wir wie folgt darstellen wollen:

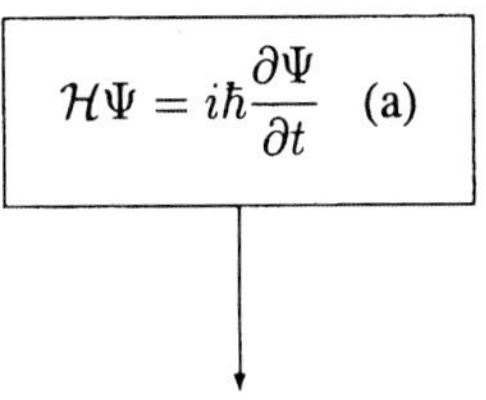

$$\mathcal{H}\Psi = i\hbar\frac{\partial\Psi}{\partial t} \quad \text{(a)}$$

BORN-OPPENHEIMER-Näherung:
$$\Psi = \psi(\{\mathbf{r}\}, \{\boldsymbol{\sigma}\}, \{\mathbf{R}\})\, \chi(\{\mathbf{R}\}, t)$$

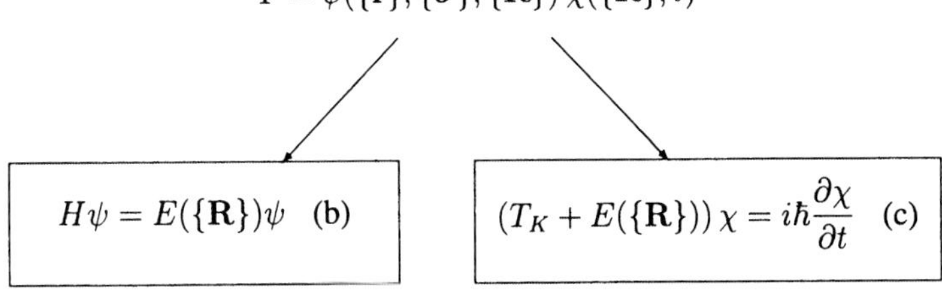

$$H\psi = E(\{\mathbf{R}\})\psi \quad \text{(b)} \qquad\qquad (T_K + E(\{\mathbf{R}\}))\chi = i\hbar\frac{\partial\chi}{\partial t} \quad \text{(c)}$$

$$(7.9)$$

Anders ausgedrückt: Die Gleichungen (7.9b) und (7.9c) zusammen betrachtet repräsentieren die ursprüngliche Gleichung (7.9a), wenn der Näherungsstandpunkt der BORN-OPPENHEIMER-Näherung angenommen wird. Dabei bedeutet T_K den Operator der kinetischen Energie der Kerne

$$T_K = -\frac{\hbar^2}{2}\sum_{\lambda=1}^{N}\frac{1}{M_\lambda}\Delta_\lambda \, , \qquad (7.10)$$

und es ist damit

$$\mathcal{H} = H + T_K \, . \qquad (7.11)$$

Was bedeuten nun die beiden Gleichungen (7.9b) und (7.9c)? Gleichung (7.9b) erinnert an eine Eigenwertgleichung, etwa an (5.3a), aber $E(\{\mathbf{R}\})$ ist keine Observable.

Betrachten wir den Operator H näher, so ist nach (7.11) und (4.32)

$$H = -\frac{\hbar^2}{2m}\sum_{i=1}^{n}\Delta_i + \sum_{i=1}^{n-1}\sum_{j=i+1}^{n}\frac{e^2}{4\pi\epsilon_0 r_{ij}}$$
$$-\sum_{i=1}^{n}\sum_{\lambda=1}^{N}\frac{Z_\lambda e^2}{4\pi\epsilon_0 r_{\lambda i}} + \sum_{\lambda=1}^{N-1}\sum_{\mu=\lambda+1}^{N}\frac{Z_\lambda Z_\mu e^2}{4\pi\epsilon_0 R_{\lambda\mu}} \qquad (7.12)$$

und stellt den Operator der Energie des n-Elektronensystems dar, wenn die Kerne festgehalten werden, zum Beispiel in der Konstellation $\{\mathbf{R}\}$. Wie schon oben festgestellt, entspricht dies dann auch der Bedeutung von $E(\{\mathbf{R}\})$. Denn genauso wie sich zum Beispiel die Energie eines geladenen Teilchens in einem COULOMB-Feld ändert, wenn es seinen Ort verändert (wobei diese Energieänderung der Änderung des COULOMB-Potentials zwischen Anfangsort und Zielort entspricht), so ändert sich bei der Bewegung der Kerne die entsprechende Energie des Elektronensystems, und das ist auch die Änderung der Energie des Kernsystems im Feld $E(\{\mathbf{R}\})$.

Gleichung (7.9b) ist in der Tat eine Eigenwertgleichung

$$H\psi_k = E_k(\{\mathbf{R}\})\psi_k, \quad k = 0, 1, 2, \dots, \tag{7.13}$$

in der jede Wellenamplitudenfunktion ψ_k einem Energiewert E_k entspricht, wobei $\{\mathbf{R}\}$ festgehalten ist, aber beliebig gewählt werden kann.

Die „Unwirklichkeit" der Energiehyperfläche $E(\{\mathbf{R}\})$ kommt daher, daß sich die N Kerne nun einmal bewegen, was gerade in (7.9b) ausgeschlossen wird. Erst in Gleichung (7.9c) bewegen sich dann die Kerne im Feld $E(\{\mathbf{R}\})$, denn Gleichung (7.9c) hat die Form von (7.1) bzw. (7.9a), wobei anstelle von Ψ nur χ, die Wellenfunktion der N Atomkerne, auftritt und $\mathcal{H}$ durch $T_K + E(\{\mathbf{R}\})$ ersetzt wird, was nun gerade bedeutet, daß die potentielle Energie der N Kerne durch $E(\{\mathbf{R}\})$ gegeben ist. $T_K + E(\{\mathbf{R}\})$ stellt also den HAMILTON-Operator der N Atomkerne dar!

Man könnte auch sagen, daß $\{\mathbf{R}\}$ in Gleichung (7.9b) – der Elektronengleichung – die Rolle eines Parameters bzw. Satzes von Parametern spielt, während $\{\mathbf{R}\}$ in Gleichung (7.9c) ganz offensichtlich die Gesamtheit der Koordinaten darstellt, mit denen die Kernbewegungen beschrieben werden.

Interessant ist es, ein einzelnes Atom zu betrachten. In diesem Falle ist E nicht mehr von den Kernkoordinaten abhängig, denn in (7.9b) kann man sich den Atomkern fixiert denken. In diesem Falle sind die E_k in (7.13) meßbar, denn sie stellen die diskreten Energiezustände des Atoms dar. Hier ist E eine Observable! Der letzte Term in (7.12) tritt nun nicht auf und der vorletzte Term enthält nur die Wechselwirkung der n Elektronen mit dem einen Atomkern ($N = 1$). In Gleichung (7.9c) ist E eine Konstante, so daß (7.9c) die Bewegung des im Raum frei fliegenden Atomkernes erfaßt (reine kinetische Energie).

Nach (7.13) gibt es also verschiedene Energiezustände $E_k(\{\mathbf{R}\})$ ($k = 0, 1, 2, \ldots$), das bedeutet wiederum, daß in Gleichung (7.9c) genauer

$$[T_K + E_k(\{\mathbf{R}\})]\,\chi = i\hbar\frac{\partial\chi}{\partial t} \tag{7.14}$$

geschrieben werden müßte. Nach dieser Gleichung (7.14) bewegen sich die Atomkerne jeweils in einem bestimmten Potential $E_k(\{\mathbf{R}\})$.

Mit anderen Worten: Gleichung (7.14) stellt die zeitabhängige SCHRÖDINGER-Gleichung für das Untersystem der N Atomkerne dar. Eine solche einschränkende Behandlung des Systems, die eine ganz ausgezeichnete Näherung darstellt, wurde erst durch die BORN-OPPENHEIMER-Näherung möglich, die den Einfluß der n Elektronen mit Hilfe eines fiktiven Potentials $E_k(\{\mathbf{R}\})$ in der zeitabhängigen SCHRÖDINGER-Gleichung (7.9c) berücksichtigt. Wir erinnern noch einmal daran, daß eine derartige Trennung nur möglich ist, weil das Massenverhältnis von Elektronen und Atomkernen so beträchtlich von eins abweicht!

Dieses fiktive Potential kann nun aus der zeitunabhängigen SCHRÖDINGER-Gleichung (7.9b) des n-Elektronensystems punktweise berechnet werden, da dort $E_k(\{\mathbf{R}\})$ jeweils nur für eine vorgegebene feste Konstellation der N Atomkerne vorliegt, und damit als Eigenwert auftritt. Im Falle eines Atoms kann E_k als einer der Energiezustände des Atoms gemessen werden. Die entsprechenden Differenzen $E_k - E_{k'}$ (s. Gl. (4.1)) liefern Informationen über das Spektrum des Atoms.

Liegen mehrere Atome vor, so ist $E_k(\{\mathbf{R}\})$ eine approximative Hilfsgröße, die die schrittweise Behandlung der zeitabhängigen SCHRÖDINGER-Gleichung (7.9a) für das ganze System aus Elektronen und Atomkernen näherungsweise (BORN-OPPENHEIMER-Näherung (7.9b,c), zu behandeln gestattet.

Man kann es noch anders sagen: Obwohl in (7.9c) die Bewegung der Kerne erfaßt wird, werden diese Bewegungen in einem Potential $E_k(\{\mathbf{R}\})$ betrachtet, welches durch punktweise Fixierung der Atomkerne in (7.9b) berechnet wird (hier liegen auch die Schwierigkeiten, E allgemeiner darzustellen).

Dies ist nun für jedes einzelne $E_k(\{\mathbf{R}\})$ durchzuführen, so daß in (7.14) von einer Kernwellenfunktion $\chi_k(\{\mathbf{R}\}, t)$ ($k = 0, 1, 2, \ldots$) ausgegangen werden muß

$$[T_K + E_k(\{\mathbf{R}\})]\,\chi_k(\{\mathbf{R}\}, t) = i\hbar\frac{\partial \chi_k(\{\mathbf{R}\}, t)}{\partial t}\,. \qquad (7.15)$$

Die grafische Darstellung von $E_k(\{\mathbf{R}\})$ ist im Falle zweier Atome ($N = 2$) einfach, da E_k nur vom Abstand der beiden Atomkerne R abhängt. Bild 7.1 zeigt ein Beispiel.

Für $N = 3$ ist die grafische Darstellung bereits nur noch unter der Annahme eingeschränkter Bewegungen der Kerne möglich, so etwa im Falle linearer Anordnung, wobei die drei Atome mit A, B und C bezeichnet seien.

$$\text{A} \underset{R_{A,B}}{\rule{3cm}{0.4pt}} \text{B} \underset{R_{B,C}}{\rule{4cm}{0.4pt}} \text{C}$$

$$R_{A,C} = R_{A,B} + R_{B,C} \qquad (7.16)$$

Bild 7.2 zeigt oben das „Energiegebirge" des Grundzustandes des CO_2-Moleküls (Flächendarstellung). Die Berechnung der Energiewerte erfolgte punktweise unter Variation der Abstände R_{C,O^1} und R_{C,O^2}, wobei alle drei Atomkerne stets eine lineare Anordnung bildeten. ΔE_ϕ ist die Gesamtenergiedifferenz mit willkürlich gewähltem Nullpunkt.

Die BORN-OPPENHEIMER-Näherung muß überprüft werden, wenn leichte Atomkerne im Spiel sind, etwa für das Wasserstoffatom in der Wasserstoffbrückenbindung. Ein anderes Problem ist die Tatsache, daß es sehr häufig vorkommt, daß sich Energiehyperflächen $E_k(\{\mathbf{R}\})$ kreuzen oder sehr nahe kommen, wie man dies schon in Bild 7.1 erkennt. In diesem Falle müssen auch Übergänge zwischen den $E_k(\{\mathbf{R}\})$ in Betracht gezogen werden, die in der BORN-OPPENHEIMER-Näherung nicht so ohne weiteres berücksichtigt werden können. In Gleichung (7.9b) ist es jedoch prinzipiell möglich, solche Fälle einzuschließen. Dies ist eine Frage der zur Lösung von (7.9b) herangezogenen Verfahren. In (7.9c) dagegen müssen Erweiterungen vorgenommen werden, und manchmal müssen diese kritischen Bereiche der $E_k(\{\mathbf{R}\})$ gesondert behandelt werden. Oft geht man aber auch wieder zur Ausgangsgleichung (7.9b) zurück, wobei man dabei mehrere Lösungen von (7.9b) und (7.9c) verwendet, um Ψ allgemeiner als in (7.7) darzustellen und damit dann in die Behandlung von (7.9a) unter Berücksichtigung von (7.9b,c) eingeht.

Dies alles schmälert aber in keiner Weise die fundamentale Bedeutung der BORN-OPPENHEIMER-Näherung. Die Gleichungen (7.9b), 7.9c) stellen

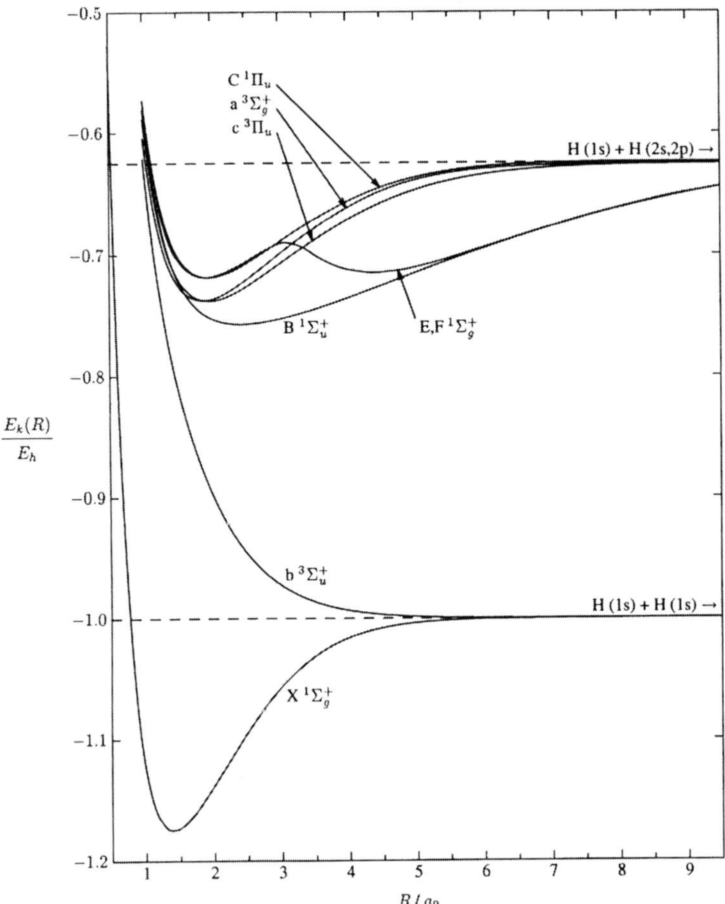

Bild 7.1 Einige tiefliegende Potentialkurven $E_k(R)$ des Wasserstoff-Moleküls H_2 ($1a_0 = 52,9177 \cdot 10^{-12}$ m, $0,1E_h = 262,55$ kJ/mol). Jede Kurve trägt statt dem Index k ihre spektroskopische Bezeichnung und geht asymptotisch in die entsprechenden Zustände der isolierten Wasserstoff-Atome über [nach Kulus und Mitarbeiter, 1965–1977]

noch immer die *Grundgleichungen der Theoretischen Chemie* dar. Aus diesem Grunde wurde die BORN-OPPENHEIMER-Näherung hier so ausführlich behandelt. Es sei aber noch die Bemerkung erlaubt, daß es das Ziel der Forschung sein muß, Gleichung (7.9a) unmittelbar angehen zu können (ohne BORN-OPPENHEIMER-Näherung), und sei es vorerst nur für stationäre Fälle, denn die Energiehyperflächen stellen in der Praxis wegen ihrer Topologie und ihrer hohen Dimension ein beträchtliches Problem dar.

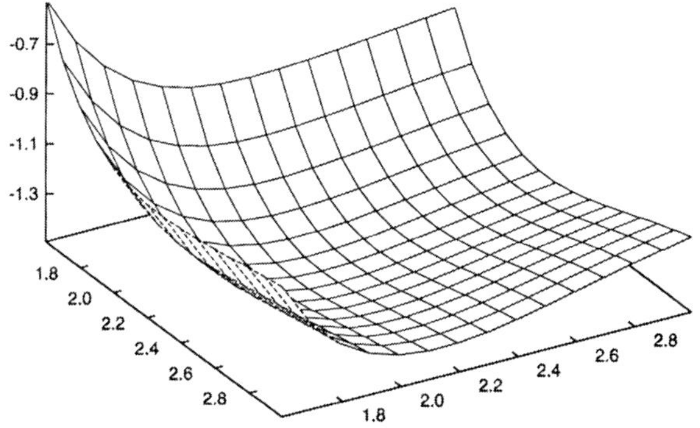

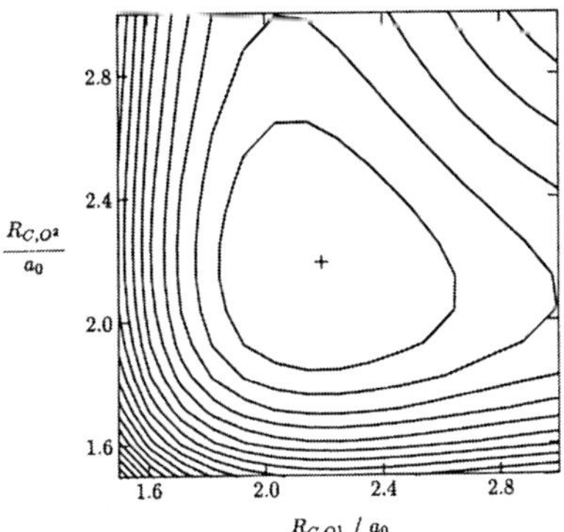

Bild 7.2 Teil der Energiehyperfläche für das Kohlendioxid-Molekül, CO_2. Oben: Flächendarstellung. Unten: In der Höhenliniendarstellung ist der Abstand der Höhenlinien gleich $0{,}05\,E_H$ (E_H ist die Wasserstoffenergie). Das Minimum ist mit einem Kreuz markiert.

8 Einiges über die Wellenfunktion

Über Wellenfunktionen kann man viel Unzutreffendes lesen. So werden gelegentlich Wellenfunktionen angegeben, die nicht von der Zeit abhängen, was nicht zutrifft. Auch die Bemerkung, daß es sich bei der Wellenfunktion um „Führungswellen" (für die Elektronen) handelt, kann so nicht akzeptiert werden. Im Zusammenhang mit Wellenfunktionen wird oft von einem Dualismus von Welle und Korpuskel gesprochen in der Weise, daß das Elektron entweder Welle oder Teilchen ist, was falsch ist. Übrigens ist der Begriff des Dualismus eine mehr historische Tatsache und sollte heute nicht mehr in diesem Sinne verwendet werden.

Nach den vorangehenden Kapiteln ist es nun möglich, näher und genauer auf die Bedeutung der Wellenfunktion Ψ einzugehen, wie wir sie im Postulat I einführten.

Zuerst einmal muß die Wellenfunktion Ψ von der Zeit abhängen. Wäre zum Beispiel die rechte Seite der zeitabhängigen SCHRÖDINGER-Gleichung (7.9a) gleich Null, dann gäbe diese Aussage (7.9) wenig Sinn. Andererseits wäre es ohne Zeitabhängigkeit von Ψ nicht möglich, eine zeitabhängige Wahrscheinlichkeitsverteilung ΔW zu erhalten, die in der Praxis tatsächlich vorkommt, wenn sich die Atomkerne etwa im Rahmen eines Reaktionsvorganges bewegen, oder ein zeitabhängiger Einfluß (Störung) auf das System ausgeübt wird. Die translatorische Bewegung des Systems ist allerdings nicht so bedeutungsvoll, obwohl sie in (7.9c) mitbehandelt werden kann, denn dies entspricht ja einer starren Bewegung des Gesamtsystems mit bestimmter Geschwindigkeit. Man kann aber ein Koordinatensystem verwenden, welches sozusagen mit dem System „mitfliegt", so daß dieses das System ortsfest formuliert. Wichtiger sind zeitabhängige Störungen, wie etwa Stösse mit anderen Systemen oder die Aufnahme oder Abgabe von Energie in Form von elektromagnetischer Strahlung.

Läßt man aber das System „in Ruhe", so muß sich statistisch eine Elektronen- und Atomkernverteilung einstellen, die zeitunabhängig ist, und wir nennen einen solchen Zustand einen stationären, bei dem die Energie des Systems ebenfalls von der Zeit unabhängig ist. Das heißt, $\Psi^*\Psi$ nach Postulat I (Teil 2) muß dann zeitunabhängig sein, weil die Wahrscheinlichkeit ΔW es sein muß. Andererseits stellten wir aber soeben fest, daß Ψ als Wellenfunktion in jedem Falle von der Zeit abhängt.

Wie kann man diesen scheinbaren Widerspruch auflösen? Die Antwort liegt in der Form von $\Psi(\{\mathbf{r}\},\{\boldsymbol{\sigma}\},\{\mathbf{R}\},t)$ im Falle eines stationären Zustandes. Soll $\Psi^*\Psi$ von der Zeit unabhängig sein, so muß eindeutig die Form

$$\Psi = \overline{\psi}(\{\mathbf{r}\},\{\boldsymbol{\sigma}\},\{\mathbf{R}\})\exp(-i\omega t) \tag{8.1}$$

für die Wellenfunktion vorliegen. Damit gilt weiter

$$\Psi^* = \overline{\psi}^*(\{\mathbf{r}\},\{\boldsymbol{\sigma}\},\{\mathbf{R}\})\exp(i\omega t)\,, \tag{8.2}$$

wobei die Bedeutung von $\overline{\psi}$ vorerst noch offen ist. Es ergibt sich nun

$$\Psi^*\Psi = \overline{\psi}^*\overline{\psi} \tag{8.3}$$

als zeitunabhängig und reell. Im stationären Falle gilt also

$$\Delta W = \overline{\psi}^*\overline{\psi}\,\Delta\tau_1\cdots\Delta\tau_n\Delta T_1\cdots\Delta T_N\,. \tag{8.4}$$

Genaugenommen ist $\overline{\psi}$ keine Wellenfunktion, sondern, wie wir gleich genauer sehen werden, deren „Amplitude", wir nennen daher $\overline{\psi}$ ab sofort die *Wellenamplitudenfunktion* (siehe Seite 53).

Aus der Mathematik ist die EULERsche Formel bekannt. Sie lautet

$$\exp(ix) = \cos x + i\sin x \tag{8.5}$$

und kann durch Reihenentwicklung der beiden Seiten bestätigt werden. Wir erinnern noch daran, daß

$$\begin{aligned}
\Psi^*\Psi &= \overline{\psi}^*\overline{\psi}(\cos\omega t + i\sin\omega t)(\cos\omega t - i\sin\omega t)\\
&= \overline{\psi}^*\overline{\psi}(\cos^2\omega t + \sin^2\omega t)\\
&= \overline{\psi}^*\overline{\psi} \tag{8.6}
\end{aligned}$$

erfüllt ist. Die Wellenfunktion Ψ hat also im stationären Zustand die Form

$$\Psi = \overline{\psi}(\cos\omega t - i\sin\omega t)\,. \tag{8.7}$$

Wir sehen nun hier genauer, daß Ψ in der Tat eine „Wellenbewegung" im Raum der n Elektronen und N Atomkerne ($3n+3N$ Dimensionen) darstellt. Allerdings hat diese einen reellen und imaginären Anteil.

Gleichung (8.7) kann daher so interpretiert werden, daß an jedem Raumpunkt ($\{\mathbf{r}\}, \{\mathbf{R}\}$) die fiktive Wellenfunktion harmonische Schwingungen mit der Frequenz ω ausführt, wobei gleichzeitig (phasenverschoben) ein imaginärer Anteil mitschwingt. Besser kann die Eigenschaft der Wellenfunktion als *Beschreibungsgröße* nicht demonstriert werden, da sie wegen (8.7) nicht beobachtbar ist.

Die Festlegung von ω kann wie folgt durchgeführt werden: Setzt man (8.1) in die zeitabhängige SCHRÖDINGER-Gleichung (7.9a) ein, so erhält man

$$\mathcal{H}\overline{\psi} = \hbar\omega\overline{\psi} \tag{8.8}$$

und vergleicht man dies mit (4.35), was so viel bedeutet, daß wir (8.8) als eine Operatorengleichung im Sinne der Wellenmechanik ausfassen, dann erhalten wir

$$\mathcal{H}\overline{\psi}_s = \hbar\omega_s\overline{\psi}_s \tag{8.9}$$

mit

$$\hbar\omega_s = \mathcal{E}_s \, , \tag{8.10}$$

so daß wir von

$$\mathcal{H}\overline{\psi}_s = \mathcal{E}_s\overline{\psi}_s \tag{8.11}$$

ausgehen können. $\mathcal{E}_s$ sind die stationären Energien des Gesamtsystems aus Elektronen und Atomkernen und $\overline{\psi}_s$ die dazugehörigen Wellenamplitudenfunktionen. Die Wellenfunktion Ψ selbst würde sich dann nach (7.1) und (8.1) ergeben, aus der sich in gewohnter Weise ΔW nach (8.4) berechnen lässt.

Es bleiben also alle Folgen aus den Postulaten unverändert, denn in allen Operatorengleichungen fällt der Zeitfaktor $\exp(-i\mathcal{E}t/\hbar)$ heraus, und das PAULI-Prinzip gilt für $\overline{\psi}$, denn der Zeitfaktor spielt dabei keine Rolle.

Ψ muß dagegen verwendet werden, wenn keine stationären Zustände vorliegen. Das gilt dann auch für Erwartungswerte und für die sogenannten „scharfen Werte" und natürlich behalten alle Beziehungen des Kapitels 5 nach wie vor ihre volle Gültigkeit.

Interessant ist nun die Hinzuziehung der BORN-OPPENHEIMER-Näherung. Betrachten wir nochmals (7.9c) so sehen wir, daß mit

$$\chi = \overline{\chi}(\{\mathbf{R}\}) \exp\left(-i\frac{\mathcal{E}}{\hbar}t\right) \tag{8.12}$$

zum einen diese Gleichung in

$$[T_K + E_k(\{\mathbf{R}\})]\,\overline{\chi}_{k,l} = \mathcal{E}_{k,l}\overline{\chi}_{k,l} \tag{8.13}$$

übergeht, wobei wir beachten, daß auf jeder einzelnen fiktiven Energie-hyperfläche E_k nun die verschiedenen stationären Zustände der Kernbe-wegung mit dem Index l unterschieden werden müssen ($\chi \to \chi_{k,l}; \overline{\chi} \to \overline{\chi}_{k,l}; \mathcal{E} \to \mathcal{E}_{k,l}$). Zum anderen zeigt der Vergleich mit dem Ansatz (7.7) und (7.14) der BORN-OPPENHEIMER-Näherung, daß nun

$$\overline{\psi}_s = \psi_k(\{\mathbf{r}\}, \{\boldsymbol{\sigma}\}, \{\mathbf{R}\})\overline{\chi}_{k,l}(\{\mathbf{R}\}) \tag{8.14}$$

gilt. Anders ausgedrückt: Jeder Zustand $\mathcal{E}_s$ des Gesamtsystems (Elektronen und Atomkerne) wird im Rahmen der BORN-OPPENHEIMER-Näherung durch die „elektronischen Zustände" ψ_k ($k = 0, 1, \dots$) und durch die für jedes $E_k(\{\mathbf{R}\})$ möglichen „Kernzustände" $\overline{\chi}_{k,l}$ ($l = 0, 1, \dots$) analysiert. Das ist nun der „Durchblick" auf den wir oben schon im Rahmen der BORN-OPPENHEIMER-Näherung hingewiesen hatten, denn nun kann jeder Zustand $\mathcal{E}_s \approx \mathcal{E}_{k,l}$ mit einem Zustand des Kernsystems in Verbindung gebracht werden, was freilich nur eine Näherung ist, aber unsere Einsicht in die Zusammenhänge beträchtlich erweitert, zumal diese Näherung von vorzüglicher Qualität ist.

In Bild 8.1 sind die $\mathcal{E}_{k,l}$-Zustände (als waagerechte Linien) auf den Kurven der Elektronenenergie (Energiekurven für $N = 2$) dargestellt.

Ohne $E_k(\{\mathbf{R}\})$ sähe es wie in Bild 8.2 aus, und wir wüßten nicht, inwieweit elektronische Anregungen und welche Kernbewegungen (beim Zustandekommen von $\mathcal{E}_s$) eine Rolle spielen.

Freilich sind die Werte in Bild 8.2 Meßwerte, während die $\mathcal{E}_{k,l}$ in Bild 8.1 Approximationen im Rahmen der BORN-OPPENHEIMER-Näherung sind. Das entsprechende Spektrum kann dann nach Gleichung (4.1)

$$\mathcal{E}_s - \mathcal{E}_{s'} = h\nu = 2\pi\hbar\nu_{s,s'} = \hbar\omega_{s,s'} \,, \tag{8.15}$$

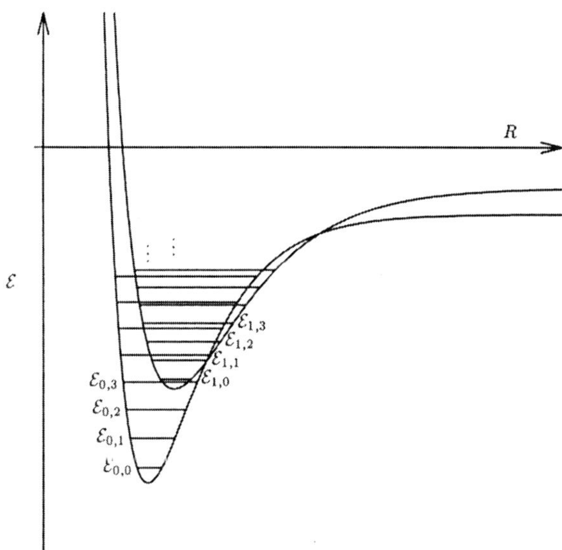

Bild 8.1 Die $\mathcal{E}_{k,l}$-Zustände, zugeordnet einzelnen Potentialkurven, entsprechend der BORN-OPPENHEIMER-Näherung

berechnet werden. Dabei hätten wir einen gewissen Zusammenhang mit (8.10) gefunden , obwohl $\omega_{s,s'}$ nicht so ohne weiteres mit ω_s (8.10) verglichen werden kann, aber die Proportionalität zwischen Energie und Frequenz (PLANCKsche Beziehung) ist erhalten.

$\overline{\chi}(\{\mathbf{R}\})$ ist also die „Amplitudenfunktion" der Wellenfunktion für die N Atomkerne, genauso wie $\psi_k(\{\mathbf{r}\}, \{\boldsymbol{\sigma}\}, \{\mathbf{R}\})$ oben als die „Amplitudenfunktion" des Elektronensystems gesehen wurde (vgl. (8.14)).

Während $\psi_k^* \psi_k$ proportional der Wahrscheinlichkeitsverteilung der n Elektronen bei festgehaltenen N Atomkernen ist, erhält man aus $\overline{\chi}_{k,l}$ entsprechend, daß

$$\Delta W = \overline{\chi}_{k,l}^* \overline{\chi}_{k,l} \Delta T_1 \cdots \Delta T_N \tag{8.16}$$

die Wahrscheinlichkeit darstellt, die N Atomkerne im stationären Zustand $\mathcal{E}_{k,l}$ einzeln in den N Würfelchen ΔT_λ $(\lambda = 1, \ldots, N)$ anzutreffen.

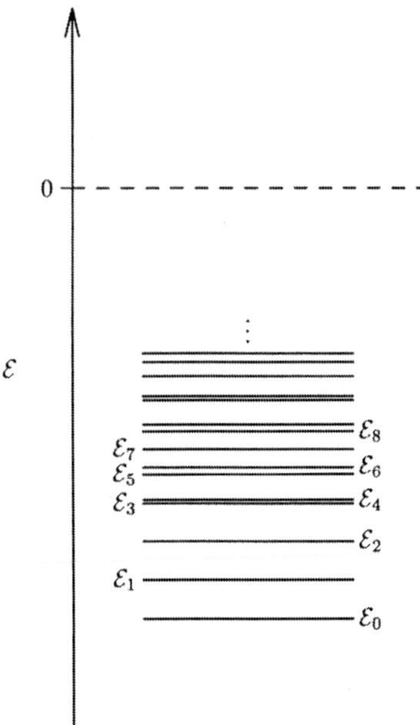

Bild 8.2
Die der Bild 8.1 entsprechenden $\mathcal{E}_s$-Zustände, ohne Zuordnung nach der BORN-OPPENHEIMER-Näherung

Hier muß noch eine wichtige Bemerkung gemacht werden. Allenthalben wird bei „Bewegungen" des Kerngerüstes von Schwingung und Rotation gesprochen, und auch wir haben es oben so getan. Genaugenommen ist das aber nicht richtig, denn wie sollten aus (8.16) derartige Bewegungen herausgelesen werden?

Erst die BORN-OPPENHEIMER-Näherung ermöglicht nämlich – nimmt man sie nicht so wellenmechanisch – derartig über die Kernbewegungen zu sprechen.

Die ganze Situation kann schon an zwei Atomen diskutiert werden. Für den Grundzustand des Elektronensystems ($k = 0$, vgl. Bild 8.3) existiert noch eine $\overline{\chi}$-Funktion – mit $\overline{\chi}_{0,0}(R)$ bezeichnet –, die wir in Bild 8.3 ebenfalls eingezeichnet haben.

Man erkennt, daß das Maximum von $\overline{\chi}_{0,0}$ und damit von $\overline{\chi}_{0,0}^*\overline{\chi}_{0,0}$ an der Stelle R_0 ziemlich genau (aber nicht exakt) mit dem Bindungsabstand (Gleich-

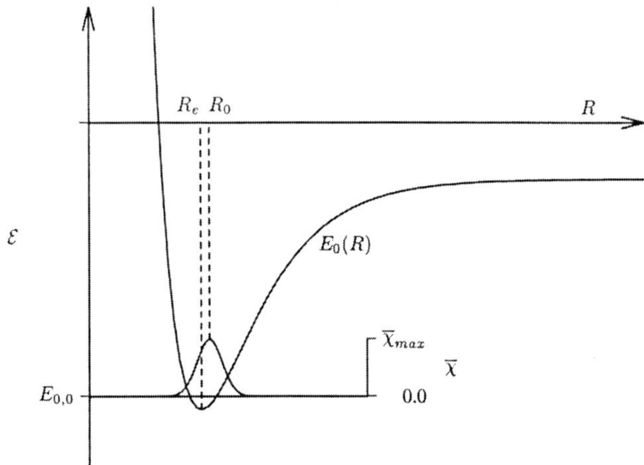

Bild 8.3 Potentialkurve und Grundzustands-Kernwellenfunktion für ein zweikerniges Molekül

gewichtsabstand) R_e zusammenfällt, den man immer aus dem Verlauf der Potentialkurve $E_0(R)$ entnimmt (s. u.). Diese schwache Abweichung ergibt sich aus der Anharmonizität des Verlaufs von $E_0(R)$ um das Minimum herum. Geringere Wahrscheinlichkeiten (nach (8.16))

$$\Delta W - \overline{\chi}_{0,0}^* \overline{\chi}_{0,0} \wedge T_1 \Delta T_2 \tag{8.17}$$

ergeben sich links und rechts vom Maximum von $\overline{\chi}_{0,0}^* \overline{\chi}_{0,0}$ (oder nahezu vom Minimum der Potentialkurve), was aber niemals als eine Schwingung angesehen werden kann.

Geht man jedoch ganz *klassisch* vor, faßt also $E_0(R)$ als ein *echtes, existierendes* Potentialfeld auf, so läßt sich aus der zweiten Ableitung der Potentialkurve am Minimum

$$\left.\frac{\partial^2 E_0(R)}{\partial R^2}\right|_{R=R_e} = k \tag{8.18}$$

69

eine „Kraftkonstante" k berechnen, so daß eine Schwingung der beiden Atomkerne um den Gleichgewichtsabstand R_e ($\partial E_0(R)/\partial R = 0$ für $R = R_e$) resultieren würde. Die beiden Atomkerne bewegten sich demnach bei ihren „Schwingungen" auf definierten Bahnen. Das steht jedoch im Widerspruch zum Maximum von $\overline{\chi}_{0,0}^{*}\overline{\chi}_{0,0}$ bei R_0, denn bei einer klassischen Schwingung trifft man die beiden Atomkerne mit maximaler Wahrscheinlichkeit an den „Umkehrpunkten" an, und nicht in der Nähe des Potentialminimums bei $R_e \approx R_0$.

In Wirklichkeit liegt natürlich keine Schwingung vor und die Kraftkonstante (8.18) ist keine Observable, sondern, nach Kapitel 1, eine Modellgröße, denn die Schwingungsvorstellung ist eine Übernahme aus einem anderen Erfahrungsbereich: Aus der klassischen Mechanik der Schwingungen. Es liegt also keine Approximation vor, so daß der Vergleich der numerischen Resultate aus Modellrechnungen mit Meßwerten in der Regel kritisch ist (ähnliches gilt bez. des BOHRschen Atom-Modells), denn die „Herkunft" der Resultate ist prinzipiell verschieden. Notfalls kann man die Verwendung eines solchen Modells dadurch rechtfertigen, daß man auf die wesentlich größere Masse der Atomkerne gegenüber den Elektronen hinweist, so daß man deswegen eher von Bahnen (Schwingungsbahnen) der beiden Atomkerne ausgehen könnte.

Korrekt und real sind allein die gemessenen Frequenzen (in der Regel im IR-Bereich), den Energiedifferenzen der $\mathcal{E}_s$ bei verschiedenen l-Werten entsprechend, wie in (8.15) angegeben, ohne daß dazu die Vorstellung von Kraftkonstante und Schwingung notwendig wäre! In diesem Zusammenhang sei an die „Inversionsschwingung" des NH_3 erinnert, die in diesem Sinne auch keine Schwingung ist. Hierbei handelt es sich – im Gegensatz zum obigen Beispiel – um zwei Minima in $E_0(R)$ für die Bewegung der drei Protonen bezüglich des N-Atomkerns (R ist hier der Abstand des N-Atomkerns von der Ebene durch die drei Protonen). Es liegt also hier ein Übergang zwischen zwei Minima „auf" der Energiehyperfläche vor. Dennoch kann man aus diesem Beispiel lernen. Betrachtet man $\chi(\{\mathbf{R}\}, t)$, also die nichtstationäre Kernwellenfunktion, so kann man annehmen, daß sich der N-Atomkern im Zeitpunkt $t = t_1$ in einem der beiden Minima befindet. Das heißt, die Funktion $\chi(\{\mathbf{R}\}, t)$ hat zu diesem Zeitpunkt ihr Maximum bei dieser Konstellation der vier Atomkerne. Nun kann man die mittlere Zeit t ausrechnen, wann der N-Atomkern im anderen Minimum zu finden sein wird, nachdem man ihn im alten Minimum beobachtet hatte. Die Rechnungen sind etwas kompliziert, da man verschiedene χ-Zustände berücksichtigen muß, und wir wollen daher nicht näher darauf eingehen. Schließlich erhält man aber eine mittlere Zeit, deren reziproken Wert man dann als eine „Übergangsfrequenz" betrachten kann, und hat damit so etwas wie eine „statistische Schwingung" eingeführt.

Das gleiche kann man im Prinzip auch bei zwei Atomen durchführen, indem man zwei Abstände $R_2 > R_0 > R_1$ betrachtet und die „Übergangsfrequenzen" bestimmt. Wegen des Vorliegens eines einzigen Minimums liegt die Modellvorstellung einer Schwingung hier näher, aber auch im NH_3 ist die Alltagserfahrung im Spiel, wenn wir bei $NH_3 \longleftrightarrow H_3N$ an eine Schwingung denken. Im NH_3 wäre eher von einer „inneren Reaktion" als von einer „Schwingung um das Minimum" auszugehen, in Wirklichkeit aber sind wieder nur die $\mathcal{E}_s$ zu betrachten. Näherungswerte $\mathcal{E}_{k,l}$ für diese ergeben sich dann im Rahmen der BORN-OPPENHEIMER-Näherung, mit Hilfe der Energiehyperfläche E_k, zusammen mit den entsprechenden $\overline{\chi}^*_{k,l}\overline{\chi}_{k,l}$.

9 Berechnung von Energiehyperflächen

Mit der Gleichung (7.9c) wollen wir uns nicht mehr weiter beschäftigen, da zum einen das Wesentliche, besonders im letzten Kapitel, gesagt wurde, zum anderen sind viele Verfahren, die wir nur im Zusammenhang mit Gleichung (7.9b) besprochen haben, auch auf (7.9c) anwendbar, wenn dies auch bisher leider noch viel zu wenig geschehen ist. Entscheidend ist immer eine ausreichende Kenntnis über $E_k(\{\mathbf{R}\})$, wenn (7.9c) behandelt werden soll, denn es gilt hier, wie oben schon besprochen, der Zusammenhang:

a) $\quad H\,\psi_k(\{\mathbf{r}\},\{\boldsymbol{\sigma}\},\{\mathbf{R}\}) \;=\; E_k(\{\mathbf{R}\}) \quad \psi_k(\{\mathbf{r}\},\{\boldsymbol{\sigma}\},\{\mathbf{R}\})$

$$\downarrow$$

b) $\qquad\qquad [T_K \;+\; E_k(\{\mathbf{R}\})]\;\overline{\chi}_{k,l}(\{\mathbf{R}\}) \;=\; \mathcal{E}_{k,l}\,\overline{\chi}_{k,l}(\{\mathbf{R}\})$

$$\tag{9.1}$$

mit

$$\mathcal{E}_s \approx \mathcal{E}_{k,l}\,, \tag{9.2}$$

wenn (vgl. (8.14))

$$\mathcal{H}\overline{\psi}_s = \mathcal{E}_s\overline{\psi}_s\,, \quad \overline{\psi}_s = \psi_k(\{\mathbf{r}\},\{\boldsymbol{\sigma}\},\{\mathbf{R}\})\overline{\chi}_{k,l}(\{\mathbf{R}\})\,. \tag{9.3}$$

Die Gleichung a) in (9.1) gilt es nun näher zu betrachten, insbesondere wie man E_k (als Eigenwert) und ψ_k (als Eigenfunktion und Wellenamplitudenfunktion) erhalten kann. Wir werden dabei erkennen, daß, neben dem Ziel der Berechnung von E_k, auch aus ψ_k eine Menge von wichtigen Informationen über das System erhalten werden kann.

Wir wollen uns zuerst aber nochmals den HAMILTON-Operator H näher ansehen:

$$H = T_e + P_{ee} + P_{eK} + P_{KK} \tag{9.4}$$

mit

$$T_\mathrm{e} = -\frac{\hbar^2}{2m} \sum_{i=1}^{n} \Delta_i \qquad P_\mathrm{ee} = \sum_{i=1}^{n-1} \sum_{j=i+1}^{n} \frac{e^2}{4\pi\epsilon_0 r_{ij}}$$

$$P_\mathrm{eK} = -\sum_{i=1}^{n} \sum_{\lambda=1}^{N} \frac{Z_\lambda e^2}{4\pi\epsilon_0 r_{\lambda i}} \qquad P_\mathrm{KK} = \sum_{\lambda=1}^{N-1} \sum_{\mu=\lambda+1}^{N} \frac{Z_\lambda Z_\mu e^2}{4\pi\epsilon_0 R_{\lambda\mu}} \,. \qquad (9.5)$$

Bei dieser Gelegenheit der Hinweis, daß die meisten Rechnungen in der Theoretischen Chemie unter Verwendung von atomaren Einheiten (at. E.) durchgeführt werden. In diesem Falle ist die Einheit der Wirkung $\hbar = h/(2\pi)$, die der Masse m (Elektronenmasse) und die der Ladung e (Elementarladung). Die Einheit der Länge ergibt sich in atomaren Einheiten als der BOHRsche Atomradius $a_0 = 52{,}9177\,\mathrm{pm}$. In diesem Einheitensystem ist die Einheit der Energie $E_h = 4{,}3597 \cdot 10^{-18}\,\mathrm{J} = 27{,}2114\,\mathrm{eV}$ gleich der doppelten Ionisierungsenergie des H-Atoms. Damit geht (9.5) über in

$$T_\mathrm{e} = -\frac{1}{2} \sum_{i=1}^{n} \Delta_i$$

$$P_\mathrm{ee} = \sum_{i=1}^{n-1} \sum_{j=i+1}^{n} \frac{1}{r_{ij}}$$

$$P_\mathrm{eK} = -\sum_{i=1}^{n} \sum_{\lambda=1}^{N} \frac{Z_\lambda}{r_{\lambda i}}$$

$$P_\mathrm{KK} = \sum_{\lambda=1}^{N-1} \sum_{\mu=\lambda+1}^{N} \frac{Z_\lambda Z_\mu}{R_{\lambda\mu}} \,. \qquad (9.6)$$

Wir wählen nun einen ungewöhnlichen und irrealen Einstieg: Wir betrachten ein Atom ($N = 1$) mit n Elektronen, in welchem die Elektronenwechselwirkung P_ee „ausgefallen" ist

$$P_\mathrm{ee} = 0 \quad (P_\mathrm{KK} = 0 \quad \text{wegen} \quad N = 1) \,. \qquad (9.7)$$

Immerhin können wir behaupten, daß ein solches „System" stabil ist, ja stabiler als das wirkliche Atom, weil die abstoßenden Kräfte der Elektronen wegfallen.

Damit ergibt sich H als eine Summe von sogenannten Einteilchenoperatoren h (in at. E.)

$$h(i) = -\frac{1}{2}\Delta_i - \frac{Z}{r_i} \tag{9.8}$$

$$H \approx \widetilde{H} = \sum_{i=1}^{n} h(i) \,, \tag{9.9}$$

also muß gelten

$$[h(1) + h(2) + \cdots + h(n)]\widetilde{\psi}_k(\{\mathbf{r}\}, \{\boldsymbol{\sigma}\}) = \widetilde{E}_k\widetilde{\psi}_k(\{\mathbf{r}\}, \{\boldsymbol{\sigma}\}) \,. \tag{9.10}$$

Wegen $N = 1$ (atomarer Fall) ist $\widetilde{E}_k$ eine konstante Größe, und $\widetilde{\psi}_k$ hängt nur von den Elektronenkoordinaten ab. Wir werden sogleich sehen, daß der „molekulare Fall" ($N > 1$) leicht nachzuvollziehen ist, wenn das Atom nach (9.10) geklärt ist.

Wenn man sich Gleichung (9.10) genauer ansieht, so erkennt man etwas Entscheidendes: Die Lösung von (9.10) ist exakt angebbar, wenn man die Gleichung

$$h\phi_p = \epsilon_p\phi_p \quad (p = 1, 2, \dots) \tag{9.11}$$

mit $\phi = \phi(x, y, z, \sigma)$ gelöst hat!

Es muß sogleich betont werden, daß die ϕ_p Funktionen sind, die nur von den Koordinaten eines Elektrons abhängen (Einteilchenfunktionen), also etwa von den Koordinaten x_i, y_i, z_i und σ_i für das Elektron i.

Wir nennen die ϕ_p *Orbitalfunktionen*, sie sind keine Wellenfunktionen, wie man leicht sieht, denn erst $\widetilde{\psi}_k$ in (9.10) stellt die Wellenamplitudenfunktion dar, und erst der Zeitfaktor $\exp(-i\omega t)$ macht aus $\widetilde{\psi}_k$ eine Wellenfunktion $\widetilde{\Psi}$ (der Leser möge hier vieles vergessen, was er schon gelegentlich gelesen haben sollte).

Setzen wir in (9.8) noch $Z = 1$, dann liegt ein H-Atom vor und wir haben *eine* Gleichung:

$$h\psi_k(\mathbf{r}) = E_k\psi_k(\mathbf{r}) \,. \tag{9.12}$$

Wir sehen, daß jetzt ψ_k mit ϕ_p identisch wird. Nur in diesem Falle eines allgemeinen Einelektronenatoms könnte man vielleicht sagen, daß das Orbital ϕ_p eine Wellenamplitudenfunktion darstellt, und dieser Fall entspricht – wie schon gesagt – einem Einelektronenatom!

Die Wellenfunktionen des Einelektronenatoms sind hinlänglich bekannt, wie auch die dazugehörigen Energien, was man praktisch in allen guten Lehrbüchern über Theoretische Chemie nachlesen kann. Wir fassen daher zusammen:

Die Amplitudenfunktionen sind durch nur drei *Quantenzahlen* n, l, m charakterisiert

$$\psi_{nlm} = \phi_{nlm}(x, y, z, \sigma) \,, \tag{9.13}$$

wobei gilt

$$n = 1, 2, \dots ,$$
$$l = 0, \dots , n - 1 \,,$$
$$m = -l, -l + 1, \dots , 0, \dots , l - 1, l \,. \tag{9.14}$$

Wir bezeichnen die Funktionen mit $l = 0, 1, 2, 3, \dots$ mit den Symbolen $s, p, d, f, \dots$ Die Gesamtenergie, die nur von der Hauptquantenzahl n abhängt, ist in atomaren Einheiten

$$E_n = -\frac{1}{2}\frac{Z^2}{n^2} \,. \tag{9.15}$$

(Man sieht, daß für $Z = 1$ und $n = 1$ gerade die Ionisierungsenergie des H-Atoms resultiert.) Zu jedem Energieeigenwert gibt es nach (9.14) n^2 Amplitudenfunktionen, zum Beispiel für $n = 2$ die vier Funktionen $\psi_{2s}, \psi_{2p_{-1}}, \psi_{2p_0}, \psi_{2p_1}$. Damit wäre dann (9.11) gelöst, denn es gilt jetzt

$$h\phi_{nlm} = -\frac{1}{2}\frac{Z^2}{n^2}\phi_{nlm} \,. \tag{9.16}$$

Wie aber hängt (9.11) bzw. (9.16) mit (9.10) genauer zusammen, was wir behauptet haben?

Zuvor wollen wir einige Vereinfachungen in unserer Symbolik vornehmen. So schreiben wir $\phi_{nlm}(i)$, wenn die Koordinaten des Elektrons i vorliegen; das gleiche gilt für $h(i)$, wie in (9.8) schon angegeben. Anstelle verschiedener p-Indizes in (9.11) wollen wir nun, wegen (9.13), allgemein die drei Quantenzahlen unterscheiden, also $\phi_{n_p l_p m_p}$ schreiben. Um späteren Verwechslungen vorzubeugen, ist zu beachten, daß in $\phi_{n_p l_p m_p}(i)$ die drei Quantenzahlen n_p, l_p, m_p den Typ des Orbitals unterscheiden, also etwa $2s$-, $2p$- oder $3d$-Orbitale usw., und daß das i für die Koordinaten x_i, y_i, z_i, σ_i steht.

Wir können also die einzelnen Typen der Orbitale (ihre mathematischen Darstellungen) sehr gut durch die drei Quantenzahlen unterscheiden, doch sei sogleich daran erinnert, daß Elektronen nicht unterscheidbar sind: Es gibt also – genaugenommen – keine $1s$-, $2p$- oder $4f$-Elektronen, sondern nur die entsprechenden Orbitale! Für $\widetilde{\psi}_k$ schreiben wir komprimiert $\widetilde{\psi}_k = \widetilde{\psi}_k(1, 2, \ldots, n)$.

So vorbereitet erkennen wir in (9.10), daß der Produktansatz

$$\widetilde{\psi}_k(1, 2, \ldots, n) = \phi_{n_{p_1} l_{p_1} m_{p_1}}(1)\phi_{n_{p_2} l_{p_2} m_{p_2}}(2) \cdots \phi_{n_{p_n} l_{p_n} m_{p_n}}(n)$$

$$(9.17)$$

eine exakte Lösung von (9.10) darstellt, wenn E_k die Summe der Energien nach (9.15) ist, wobei zu beachten ist, daß die Energien (9.15) nur von den Hauptquantenzahlen n_{p_i} abhängen.

Um die Schreibweise weiter zu vereinfachen, wollen wir auch die verschiedenen Orbitale nur noch durch einen einzigen Index unterscheiden, und das auch auf die ϕ in (9.17) anwenden.

$$\widetilde{\psi}_k(1, 2, \ldots, n) = \phi_1(1)\phi_2(2) \cdots \phi_n(n) \,. \qquad (9.18)$$

Daß wir so vorgehen, hat ausschließlich didaktische Gründe, denn wir wollen verhindern, daß Orbitaltypen mit Elektronen verwechselt werden, was in der Literatur leider zu oft die Regel ist. So gibt es $2s$-Orbitale und auch $2s$-Elektronen, und man sagt zum Beispiel, wenn wir $\phi_3(3)$ schreiben, daß das Elektron 3 das Orbital 3 „besetzt" hätte, und wenn ϕ_3 zum Beispiel ein $4f$-Orbital wäre, so ist das dritte Elektron eben ein $4f$-Elektron. Alles dies trifft, wie wir noch näher sehen werden, nicht zu, wenn man es genau nimmt, und das ist die Absicht in diesem Büchlein.

Wieso ist (9.18) eine Lösung von (9.10), wenn (9.11) gilt? Schreiben wir (9.18) in (9.10) hinein, so erhalten wir

$$[h(1) + h(2) + \cdots + h(n)]\phi_1(1)\phi_2(2) \cdots \phi_n(n)$$

$$= (\epsilon_1 + \epsilon_2 + \cdots + \epsilon_n)\phi_1(1)\phi_2(2) \cdots \phi_n(n) \,, \qquad (9.19)$$

wobei nach (9.11) die verschiedenen Orbitalenergien ϵ_p den entsprechenden Orbitalen ϕ_p zugeordnet sind.

Der Beweis von (9.19) ist einfach, wir zeigen es am Beispiel $h(1)$ (für $h(i)$ geht alles genauso) und beachten dabei, daß der Operator $h(i)$ nur auf $\phi_p(i)$ wirkt, die anderen Funktionen hängen ja nicht von i ab.

$$h(1)\phi_1(1)\phi_2(2)\cdots\phi_n(n) = [h(1)\phi_1(1)]\phi_2(2)\cdots\phi_n(n)$$
$$= [\epsilon_1\phi_1(1)]\phi_2(2)\cdots\phi_n(n)$$
$$= \epsilon_1\phi_1(1)\phi_2(2)\cdots\phi_n(n) \ . \qquad (9.20)$$

Eigentlich hätten wir für ϵ_p immer die Energien von (9.15) schreiben sollen, aber wenn wir jetzt einen kleinen Schritt weitergehen und Moleküle betrachten, so müssen wir nur auf (9.6) zurückgehen und erhalten anstelle von (9.8)

$$h(i) = -\frac{1}{2}\Delta_i - \sum_{\lambda=1}^{N}\frac{Z_\lambda}{r_{\lambda i}} \ . \qquad (9.21)$$

In diesem Falle kennen wir zwar ϵ_p in (9.11) nicht, aber die Gleichungen bleiben, wie wir sehen, auch für $N > 1$ erhalten – bis auf (9.16)!

Es gibt also wieder n *Molekülorbitale* (im Gegensatz zu den Atomorbitalen ϕ_{nlm}), aber sie werden nicht mehr durch die drei Quantenzahlen n, l, m unterschieden werden können. Das gerade ist der Vorteil unserer verkürzten Schreibweise, denn wenn wir ϕ_p schreiben, so soll p die einzelnen Molekülorbitale unterscheiden und dadurch auch die ϵ_p. Mehr ist im Augenblick nicht möglich und auch nicht nötig. Wir können also immer von (9.19) ausgehen, unabhängig, ob es sich um Atom- oder Molekülorbitale handelt! Auf eine andere Unterscheidung von Atom- und Molekülorbitalen kommen wir später noch zu sprechen, wenn wir die ganzen bisherigen Überlegungen auf die Praxis anwenden wollen.

Nun enthält (9.19) eine überraschende Vieldeutigkeit, die diejenigen, die das zum ersten Mal lesen, erschrecken könnte. Alle Produkte der ϕ_p – also $\tilde{\psi}_k$ nach (9.18) – die durch Permutationen der Elektronenkoordinaten hervorgehen, erfüllen ebenfalls (9.19)! Also gilt zum Beispiel

$$[h(1) + h(2) + \cdots + h(n)]\phi_1(2)\phi_2(1)\cdots\phi_n(n)$$
$$= (\epsilon_2 + \epsilon_1 + \cdots + \epsilon_n)\phi_1(2)\phi_2(1)\cdots\phi_n(n) \ , \qquad (9.19)$$

$n!$ Möglichkeiten sind denkbar, wie wir oben schon feststellten, und gerade diese Erinnerung an frühere Feststellungen (Postulate) löst das Problem!

Man beweist leicht, daß eine beliebige Linearkombination aller dieser $n!$ ϕ-Produkte ebenfalls zum gleichen Gesamtenergieeigenwert $\tilde{E}_k$ gehört.

Wir zeigen es für $n = 2$:

$$[h(1) + h(2)]\{A\phi_1(1)\phi_2(2) + B\phi_1(2)\phi_2(1)\}$$
$$= A[h(1)\phi_1(1)]\phi_2(2) + B\phi_1(2)[h(1)\phi_2(1)]$$
$$+ A\phi_1(1)[h(2)\phi_2(2)] + B[h(2)\phi_1(2)]\phi_2(1)$$
$$= A\epsilon_1\phi_1(1)\phi_2(2) + B\epsilon_2\phi_1(2)\phi_2(1)$$
$$+ A\epsilon_2\phi_1(1)\phi_2(2) + B\epsilon_1\phi_1(2)\phi_2(1)$$
$$= (\epsilon_1 + \epsilon_2)\{A\phi_1(1)\phi_2(2) + B\phi_1(2)\phi_2(1)\}\,, \qquad (9.22)$$

was zu beweisen war.

Also ist auch

$$\widetilde{\psi}_k = \sum_{m=1}^{n!} A_m P_m \phi_1(1) \cdots \phi_n(n) \qquad (9.23)$$

eine Lösung von (9.10), erfüllt also die Gleichung (9.10), wobei sogar die $n!$ A_m-Koeffizienten beliebig sein können! P_m ist der Permutationsoperator, den wir bereits in Kapitel 4 eingeführt hatten.

Erinnern wir uns jetzt des PAULI-Prinzips, wonach jede Wellenfunktion bezüglich der Vertauschung zweier Elektronenkoordinaten (einschließlich Spin) antisymmetrisch sein soll, so könnte man doch die A_m so festlegen, daß dieses Prinzip erfüllt ist.

Es zeigt sich im einzelnen, daß man (9.23) antisymmetrisch im Sinne des PAULI-Prinzips machen kann, wenn man $A_m = \pm A$ setzt, wobei $+A$ auftritt, wenn die damit verbundene Permutation P_m durch eine *gerade* Anzahl von Transpositionen (vgl. Kapitel 4) ersetzt werden kann ($p(m) = 0$), andernfalls, bei *ungerader* Anzahl von Transpositionen, ist $-A$ zu setzen ($p(m) = 1$), also muß sein

$$\widetilde{\psi}_k = A \sum_{m=1}^{n!} (-1)^{p(m)} P_m \phi_1(1) \cdots \phi_n(n)\,. \qquad (9.24)$$

wobei jetzt der Index k an $\widetilde{\psi}_k$ sich dadurch ergibt, welche n Orbitale im Produkt von (9.24) Verwendung finden, denn noch wissen wir nicht, welche Typen aus der unendlichen Menge aller Orbitalfunktionen (9.11) ausgewählt worden sind. k zählt also die jeweilige Auswahl von n Orbitalen aus allen Lösungen von (9.11)!

A ist nach diesen Überlegungen immer noch frei wählbar und ermöglicht uns, es so zu wählen, daß $\widetilde{\psi}_k$ in (9.24) eine auf eins normierte Wellenamplitudenfunktion ist, wie es die Wellenmechanik verlangt.

Es zeigt sich nun, daß (9.24) mit einem Ausdruck in der Mathematik identisch ist, den man Determinante nennt

$$\widetilde{\psi}_k = A \begin{vmatrix} \phi_1(1) & \phi_2(1) & \cdots & \phi_n(1) \\ \phi_1(2) & \phi_2(2) & \cdots & \phi_n(2) \\ \vdots & \vdots & \ddots & \vdots \\ \phi_n(1) & \phi_n(2) & \cdots & \phi_n(n) \end{vmatrix} . \tag{9.25}$$

Nehmen wir dabei noch an, daß alle n Orbitale orthonormiert sind, dann ist $A = 1/\sqrt{n!}$ zu wählen, damit $\widetilde{\psi}$ normiert ist.

Damit wäre die SCHRÖDINGER-Gleichung in (7.9b) unter Vernachläßigung der Elektronenwechselwirkung P_{ee} exakt für beliebige Systeme gelöst worden, wenn die Lösungen (Orbitale) der Ein-Elektronengleichung (9.11), mit h nach (9.21), bekannt sind.

Damit liegt dann auch $E_k(\{\mathbf{R}\})$ für jede punktweise vorgegebene Konfiguration der Atomkerne vor, aus der dann – wir werden es noch sehen – die Energiehyperfläche $E(\{\mathbf{R}\})$ als Funktion näherungsweise erhalten werden könnte.

Wir ergänzen noch, daß die Determinante in (9.25) häufig in abgekürzter Form (einschließlich des Normierungsfaktors) wie folgt geschrieben wird

$$\widetilde{\psi}_k = |\phi_1 \phi_2 \cdots \phi_n| \, , \tag{9.26}$$

indem man nur die Diagonale von (9.25) verwendet, was die Determinante eindeutig definiert.

Zur Kernwechselwirkung P_{KK} in (9.6) muß noch gesagt werden, daß diese in der Wellengleichung (7.13) mit E_k zusammengefaßt werden kann

$$H'\psi_k = (E_k - P_{KK})\psi_k \tag{9.27}$$

mit

$$H' = T_e + P_{ee} + P_{eK} \, , \tag{9.28}$$

da P_{KK} bei fixierten Kernlagen eine Konstante ist. $E_k - P_{KK}$ bezeichnet man als *reine Elektronenenergie* bei festgehaltenen Kernen, wie aus (9.28) zu ersehen ist. Setzt man $E_k - P_{KK} = E_k'$, so erhalten wir wieder

$$H'\psi_k = E_k'\psi_k \, , \tag{9.29}$$

denn ψ_k hat sich dabei nicht geändert. Alle bisherigen Überlegungen können auch auf (9.29) übertragen werden, wenn wir die Näherung $\widetilde{\psi}_k$ für ψ_k einsetzen!

Um die Berechnungen von $E_k(\{\mathbf{R}\})$ zu verbessern, muß auch P_{ee} berücksichtigt werden, aber wenn P_{ee} in H bzw. H' auftritt, ist die Darstellung (9.9) nicht mehr erfüllt. Was also tun? Es sieht so aus, als wären damit alle bisherigen Überlegungen überflüssig geworden und folglich nicht mehr anwendbar. Ist also der bisherige Weg nicht mehr brauchbar? Nein – wir können näherungsweise

$$\frac{1}{r_{ij}} \approx V(i) + V(j) \tag{9.30}$$

setzen, mit noch völlig offenen Potentialen $V(i)$ ($i = 1, 2, \dots, n$) und erhalten jetzt wieder eine Darstellung von H bzw. H', ähnlich wie in (9.9), aber es treten jetzt noch die Potentiale $V(i)$ auf

$$\widetilde{H} = \sum_{i=1}^{n} h'(i) \,, \tag{9.31}$$

wobei nun

$$h'(i) = -\frac{1}{2}\Delta_i - \sum_{\lambda=1}^{N} \frac{Z_\lambda}{r_{\lambda i}} + (n-1)V(i) \,. \tag{9.32}$$

Damit können wir tatsächlich alle bisherige Überlegungen übernehmen:

$$h'\phi_p = \epsilon_p \phi_p \tag{9.33}$$

und auch (9.25) – die Determinante – kann übernommen werden, freilich sind die Lösungen von (9.33) wegen der $V(i)$ verschieden von denen aus (9.11).

Man nennt V oft das *effektive Potential*, und alles konzentriert sich nun auf die Frage nach dem „Aussehen" von V. Es gibt viele Wege und es gab viele Versuche, V zu bestimmen, aber nur ein Weg hat bisher den größten praktischen Erfolg gezeigt, obwohl durchaus in Zukunft noch andere Möglichkeiten näher diskutiert werden könnten. Dieser Weg geht über (9.30) hinaus!

Sicher ist erst einmal, daß (9.30) nicht exakt gelten kann, denn schon wenn der Abstand der beiden Elektronen i und j immer kleiner wird, wächst die linke Seite in (9.30) über alle Grenzen, während die rechte Seite endlich bleiben muß und in $2V(i)$ übergeht. Andererseits wissen wir heute, daß es Potentiale $V(i)$ gibt (man kann sie aus Integralgleichungen bestimmen), die erstaunlich gute Resultate liefern. Aber man muß leider feststellen, daß in dieser Richtung noch nicht alles ausgereift ist und auch noch einige Probleme vorliegen, die gelöst werden müssen.

Sicher ist auch wiederum, daß die Determinante nur dann eine exakte Lösung der SCHRÖDINGER-Gleichung für die n Elektronen ist, wenn der HAMILTON-Operator H als Summe von Ein-Elektronen-Operatoren h geschrieben werden kann (z. B. (9.31)). Das heißt, daß der Einsatz von $V(i)$ noch immer eine Determinante als exakte Lösung zur Folge hat, wenn auch die Orbitale anders aussehen, als wenn man die Elektronenwechselwirkung vernachlässigen würde.

Wenn man aber nun die Elektronenwechselwirkung exakt berücksichtigt, also P_{ee} in den HAMILTON-Operator einführt, so gibt es nur die Möglichkeit – wenn man die Determinantendarstellung retten will –, eine Verbesserung der $E_k(\{\mathbf{R}\})$-Berechnung dadurch zu erreichen, daß man versucht, unter Beteiligung der Determinante (9.25) die n Orbitale auf irgendeine Weise so zu bestimmen, daß $\widetilde{\psi}_k$ nach (9.25) als

$$H\psi_k = E_k(\{\mathbf{R}\})\psi_k \tag{9.34}$$

gelten kann. Anders ausgedrückt: daß die Determinantendarstellung diese Gleichung (9.34) *möglichst gut* erfüllt, wobei P_{ee} voll berücksichtigt wird. Man könnte dieses Vorgehen (vielleicht ein wenig gewagt) in der Form schreiben

$$
\begin{aligned}
H\,|\phi_1\phi_2\cdots\phi_n| &\cong \widetilde{E}_k\,|\phi_1\phi_2\cdots\phi_n|\;, \\
|\phi_1\phi_2\cdots\phi_n| &\approx \psi_k\;,
\end{aligned}
\tag{9.35}
$$

und dazu sagen, daß in (9.35) alle n Orbitale in ihrer mathematischen Form so verändert werden sollen, daß diese Gleichung „besonders nahe" an (9.34) „herankommt"! Da dies aber exakt (also volle Erfüllung von (9.34)) nicht möglich ist, nennen wir die so erhaltenen Energien $\widetilde{E}_k$, weil $\widetilde{E}_k \approx E_k$.

Bei der Berechnung von $\tilde{\psi}_k$ entsteht nun ein größerer mathematischer Aufwand, den wir hier nicht behandeln wollen. Tatsache ist aber, daß man die „besten Orbitale", welche die Gleichung (9.34) so gut wie eben möglich erfüllen, berechnen kann. Dabei geht man davon aus, daß die aus den „besten Orbitalen" aufgebaute Determinante auch zu einer „guten" Wellenamplitudenfunktion führt, die ebenfalls eine gute Näherung für die exakte Wellenamplitudenfunktion darstellt.

Es zeigt sich, daß sich dann die besten Orbitale aus einer Gleichung der Form

$$F\phi_p = \epsilon_p \phi_p \tag{9.36}$$

errechnen lassen, wobei der Operator F die Form

$$F = -\frac{1}{2}\Delta_i - \sum_{\lambda-1}^{N} \frac{Z_\lambda}{r_{\lambda i}} + U(\phi_1, \phi_2, \dots, \phi_n) \tag{9.37}$$

hat. Das sieht ganz nach (9.32) aus, es ist aber dabei zu beachten, daß das jetzt auftretende Potential U von allen Orbitalen $\phi_1, \phi_2, \dots, \phi_n$ abhängt, die in der Determinante (9.25) Berücksichtigung gefunden haben.

Diese Gleichung (9.37) heißt die HARTREE-FOCK-Gleichung (abgekürzt HF-Gleichung) mit dem HF-Operator F, sie stellt in der Tat einen gewissen Kompromiß dar. Zum einen wird zwar (9.30) aufgegeben, also der Term P_{ee} vollständig in H berücksichtigt, andererseits bleibt aber die Determinantendarstellung als Näherung für die Wellenamplitudenfunktion $\psi_k(\{\mathbf{r}\}, \{\sigma\}, \{\mathbf{R}\})$ erhalten. Es liegt also wieder etwas ähnliches wie die Ein-Elektronengleichung (9.16) vor, aber h' geht hier in F über und liefert in der Gleichung (9.36) alle Orbitale, die man zum Aufbau der Determinante nötig hat. Wir wollen schon hier vorwegnehmen, daß man eigentlich unendlich viele Orbitale aus der HARTREE-FOCK-Gleichung erhält, aber letzten Endes ja nur n benötigt, um die Determinante aufzubauen. Wir werden sehen, daß dies allerdings kein großes Problem ist.

Nachdem man nun auf diese Weise vorgeht, erhält man die Energie als den dazugehörigen Erwartungswert

$$\tilde{E}_k(\{\mathbf{R}\}) = \int \tilde{\psi}_k^* H \tilde{\psi}_k \, d\tau \tag{9.38}$$

mit $\widetilde{\psi}_k$ als Determinante und H nach (9.4). $\{\mathbf{R}\}$ wird jedesmal vorgegeben, $\widetilde{E}_k(\{\mathbf{R}\})$ wird also punktweise berechnet. Für jede Kernkonfiguration gibt es andere Orbitale, weil F von den Kernlagen abhängt (zweiter und, indirekt, dritter Term in (9.37)).

10 Die Praxis theoretischer Verfahren

Viele Fragen sind noch offen, die mit der Anwendung der bisher genannten Methoden zu tun haben und deren Klärung nun nachgeholt werden soll.

Die hier bisher aufgetretenen Orbitale sind sogenannte Spin-Orbitale, da sie noch den Spin σ_i des Elektrons i enthalten. Gehen wir davon aus, daß näherungsweise keine Wechselwirkung zwischen dem Spin eines Elektrons und seiner räumlichen Aufenthaltsverteilung besteht, so kann man Ort und Spin in $\phi_p(x_i, y_i, z_i, \sigma_i)$ trennen und schreibt

$$\phi_p(x_i, y_i, z_i, \sigma_i) = \varphi_p(x_i, y_i, z_i)\chi(\sigma_i) \,, \quad (i = 1, 2, \ldots, n) \quad (10.1)$$

mit $\chi(\sigma)$ als reiner „Wellenfunktion" des Spins (Spin-Funktion). Wir stellten oben schon fest, daß der Spin jedes Elektrons nur zweier Raumstellungen fähig ist (wenn eine Vorzugsrichtung im System gegeben ist), und daß daher nur zwei σ-Werte existieren, wir nannten sie σ^+ und σ^- (gewöhnlich schreibt man in der grafischen Interpretation den Spin als Pfeil und hat somit $\uparrow$ und $\downarrow$). Damit existieren auch nur zwei χ-Funktionen, die wir α und β nennen wollen:

$$\begin{aligned}
\chi(\sigma_i^+) &= \alpha(i) \\
\chi(\sigma_i^-) &= \beta(i) \qquad (i = 1, 2, \ldots, n) \,.
\end{aligned} \qquad (10.2)$$

Man spricht daher in der Regel salopp von α- und β-Spin, und wir verweisen darauf, daß (10.1) und besonders (10.2) Vereinfachungen der Verhältnisse darstellen, denn in einer allgemeineren Theorie wird im Formalismus auch berücksichtigt, daß eine geringe Wechselwirkung zwischen Spin- und Raumbewegung vorliegt, doch reicht hier eine derartige Vereinfachung für den Rahmen dieses Buches und für unsere Absichten aus.

Wir wollen die Symbolik noch weiter vereinfachen und schreiben mit (10.1)

$$\begin{aligned}
\phi_p(i) &= \varphi_p(i)\alpha(i) \\
\overline{\phi}_p(i) &= \varphi_p(i)\beta(i) \qquad (i = 1, 2, \ldots, n) \,.
\end{aligned} \qquad (10.3)$$

Wir kennen also in unserem System Elektronen mit α- oder β-Spin. Entsprechend (10.3) können wir die Orbitale in unserer Determinante (9.25) kennzeichnen. Wie man sieht, gibt es eine sehr große Anzahl von Möglichkeiten, α und β auf die einzelnen Orbitale zu verteilen, worauf wir allerdings nicht näher eingehen können. Wir wollen daher im wesentlichen nur auf eine „α, β-Verteilung" eingehen, die grundlegende Bedeutung hat. Die HF-Gleichungen (9.36) liefern nun Orbitale φ_p als Lösungen und zu jedem Orbital die dazugehörige Orbitalenergie ϵ_p. Es ist in diesem Zusammenhang bequem, ein sogenanntes *Orbitalenergieschema* zu zeichnen, etwa wie in Abb. 10.1.

So könnte man im Prinzip sehr viele Orbitalenergien, beginnend mit ϵ_1, nach oben auftragen. Zum Aufbau der Determinante (9.25) benötigt man maximal n Orbitale φ_p und wegen (10.3) können wir auch gleich zwischen α- und β-Spin bei den einzelnen ϕ_p unterscheiden. Ein Beispiel zeigt Abb. 10.1b. Dazu würde dann die Determinante

$$\tilde{\psi}_k = \left| \phi_1 \phi_2 \phi_3 \overline{\phi}_4 \phi_5 \overline{\phi}_6 \right| \tag{10.4}$$

geschrieben werden müssen.

Beim Berechnen der dazugehörigen Gesamtenergie $\tilde{E}_k$ erkennt man, daß sich eine tiefere Gesamtenergie ergibt, wenn man die Elektronen anders auf die Orbitale verteilt als im Beispiel (10.4) vorgegeben, also andere Orbitale in $\tilde{\psi}_k$ verwendet. Eine besondere Rolle bei den praktischen Rechnungen spielt die sogenannte *Darstellung der abgeschlossenen Schalen*, die in der Regel den Grundzustand darstellt ($\tilde{\psi}_0$), und darin besteht, daß man (bei gerader Elektronenanzahl n) nur $n/2$ Orbitale verwendet und diese jeweils mit α- und β-Spin versieht. In unserem Fall erhält man

$$\tilde{\psi}_k = \left| \phi_1 \overline{\phi}_1 \phi_2 \overline{\phi}_2 \phi_3 \overline{\phi}_3 \right| \, , \tag{10.5}$$

wie in Abb. 10.1c angegeben. Nun kann man fragen, warum keine dreifache „Besetzung" der Orbitale möglich ist? In diesem Falle werden in der Determinante (9.25) zwei Spalten gleich, was nach den Eigenschaften von Determinanten diese zum Verschwinden bringen würde ($\tilde{\psi}_k \equiv 0$), und auch das zweifache Auftreten eines Orbitals mit gleichem Spin würde zu $\tilde{\psi}_k \equiv 0$ und damit zu einer verschwindenden Wellenamplitudenfunktion führen.

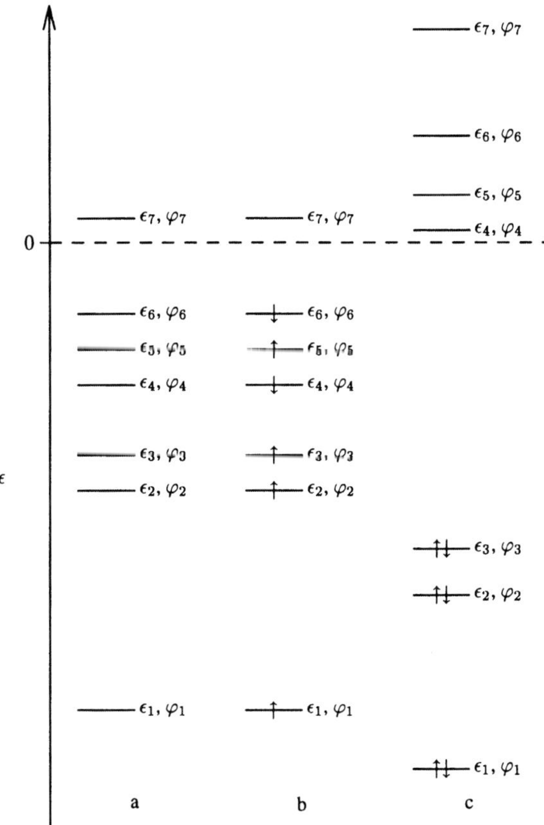

Bild 10.1 Orbitalenergieschemata. Es ist zu beachten, daß die Orbitalenergien *und* die Orbitale von der jeweiligen „Besetzung" abhängen, was den Unterschied in den Lagen der ϵ zwischen b) und c) erklärt.

Hier ist auf eine irreführende, genaugenommen falsche Redeweise hinzuweisen, die behautet, das PAULI-Prinzip sei die Aussage, daß ein System keine zwei oder mehr Elektronen besitzen darf, die im „gleichen Zustand" sind. Betrachten wir dazu einmal den atomaren Fall, wo sich die Orbitale (Atomorbitale) durch drei Quantenzahlen n, l, m unterscheiden können, so läßt sich diese falsche Aussage auch so formulieren, daß zwei oder mehr Elektronen nicht in allen Quantenzahlen übereinstimmen dürfen, wobei wir in dem Zusammenhang eine vierte Quantenzahl m_s einführen müssen, die nur die Werte $+1/2$ bzw. $-1/2$ haben kann, wenn man, wie früher dargelegt, den Wert des Spins in eine Vorzugsrichtung mit $m_s \hbar$ bezeichnet; wir haben also die Quantenzahlen n, l, m und m_s!

Es dürfte nach den bisherigen Ausführungen in diesem Buch klar sein, daß hier eine Verwechslung von Elektronen und Orbitalen stattgefunden hat! Elektronen sind nicht unterscheidbar und lassen sich daher auch nicht durch Quantenzahlen charakterisieren. Dagegen gilt diese Unterscheidung für Orbitale!

Richtig muß es also heißen, daß das PAULI-Prinzip nach wie vor die Antisymmetrie der Wellenamplitudenfunktion bezüglich der Vertauschung zweier Elektronenkoordinaten (einschl. Spin) verlangt und daß die Determinanten-Darstellung von $\tilde{\psi}$ (nach (9.25)), die gleichzeitig die Einführung des Orbitalbegriffes bedeutet, eine reduzierte Interpretation des PAULI-Prinzips ermöglicht, indem die Antisymmetrie der Determinante im Sinne des PAULI-Prinzips nur dann gewährleistet ist, wenn keine zwei darin auftretenden Orbitale (einschließlich der Spinfaktoren) gleich sind. Es können daher maximal zwei Ortsanteile φ_p der Orbitale (siehe (10.3)) gleich sein, wenn diese einmal mit α- und einmal mit β-Funktion auftreten, wie das in der Darstellung der abgeschlossenen Schalen der Fall ist.

Wir wollen das noch einmal wiederholend ganz allgemein formulieren, indem wir die Quantenzahlen n, l, m, m_s ($\phi_p \equiv \phi_{n,l,m,m_s} = \varphi_p \alpha$ oder $\varphi_p \beta$) einführen und sagen, *daß keine zwei bezüglich ihrer Quantenzahlen gleichen Atomorbitale in der Determinantendarstellung von $\tilde{\psi}$ auftreten dürfen*, andernfalls verschwindet die Wellenamplitudenfunktion. Dieser Fall ist also in der Natur nicht vorgesehen, er widerspricht dem PAULI-Prinzip.

Von nun an wollen wir immer von der Darstellung der abgeschlossenen Schalen ('closed-shell'-Form) ausgehen, da diese eine grundlegende Rolle in den HF-Verfahren (s. u.) spielt. Ist n ungerade, so wird das nächsthöhere Orbital (höher im Sinne des Orbitalenergieschemas) einfach „besetzt".

Die Redeweise „besetzt" ist ebenfalls nicht sauber, denn sie impliziert die Vorstellung, daß ein bestimmtes Elektron mit einem bestimmten Orbital verknüpft ist. Dies ist aber gerade nicht der Fall! Man sieht leicht, daß in der Determinante alle Elektronen in allen Orbitalen auftreten!

Es gibt also beispielsweise – um nochmals auf den atomaren Fall zurückzukommen – keine $1s$- oder $2p$-Elektronen, sondern nur n nicht unterscheidbare Elektronen, die ein Kollektiv im System darstellen.

Die HF-Gleichung ist also eine Gleichung zur Berechnung von Orbitalen und daher auch eine Einteilchengleichung, ohne die Teilchen selbst zu unterscheiden.

Dagegen ist die Unterscheidung der Orbitale von immenser Wichtigkeit. Wir nennen die Orbitale, die sich aus der HF-Gleichung ergeben, aber nicht in der Determinante auftreten, wobei wir uns auf den Fall der abgeschlossenen Schalen beziehen, virtuelle Orbitale. Die Orbitale dagegen, die nach (9.25) zum Aufbau von ψ verwendet werden, nennt man oft kanonische Orbitale.

Nachdem dies alles geklärt ist, können wir auf die Prozedur zu sprechen kommen, die bei der Lösung der HARTREE-FOCK-Gleichung nötig ist, wobei nach (9.37) die kanonischen Orbitale auch im HF-Operator F enthalten sind.

Eine derartige Sachlage – und sie ist durch die Wechselwirkung der Elektronen bedingt – verlangt ein iteratives Vorgehen und macht dieses Verfahren besonders für Computer geeignet.

Wie geschieht das? Man geht von sinnvoll gewählten $n/2$ Orbitalen $\varphi_1, \dots, \varphi_{n/2}$ aus (die Verteilung von α und β ist bei einer Darstellung abgeschlossener Schalen festgelegt) und berechnet damit das Potential U in (9.37). Damit ist dann auch der HARTREE-FOCK-Operator bekannt und man kann Gleichung (9.36) lösen, erhält daraus wieder $n/2$ neue Orbitale, die man wiederum zur Berechnung von U verwendet und so fort.

Schließlich (in fast allen Fällen) konvergiert diese iterative Prozedur, indem die beiden letzten Sätze von $n/2$ Orbitalen so gut wie übereinstimmen. Bei diesem Vorgehen wird in jedem Schritt ein Potentialfeld U erzeugt, welches schließlich konvergiert. Aus diesem Grunde hat die Methode auch den Namen „Verfahren des selbstkonsistenten Feldes" ('self consistent field', SCF) erhalten.

Es ist bemerkenswert, daß die HF-Gleichung, die doch ziemlich komplexe Systeme behandelt, kaum zu chaotischen Resultaten führt, was nach ihrer Struktur zu erwarten wäre. Der Grund dafür liegt in ihrer Herleitung aus einem Energieminimierungsprinzip.

An dieser Stelle ist es wichtig festzustellen, daß das HF- bzw. SCF-Verfahren das Standardverfahren ist, auf dem alle weiteren Methoden aufbauen oder unter Vereinfachungen abgeleitet werden können, bis hin zu ganz einfachen Abschätzungsverfahren.

Allerdings mußte dazu noch ein Gedanke in das SCF-Verfahren eingeführt werden, dessen Bedeutung heute kaum überschätzt werden kann, denn in praktisch allen Fällen wird davon Gebrauch gemacht. Die Einfachheit dieser Idee ist verblüffend, ihre Folgen tiefgreifend. Wir wollen jetzt beginnen, diesen Gedanken vorzubereiten.

Zuerst einmal die Feststellung, daß es sich bei dieser Idee letzten Endes um eine Approximation handelt, die aber mit chemischen Vorstellungen korreliert werden kann, und besonders in der Spektroskopie zu großen Erfolgen geführt hat, denn erst auf diese Weise waren die Spektren von Atomen und Molekülen besser zu verstehen. Was die Elektronenverteilung anbetrifft, die ja für Reaktionen und für manches chemische Verhalten ausschlaggebend ist, erlaubt es gerade diese Vorstellung, auf die wir gleich noch näher eingehen werden, zusammen mit der Determinantendarstellung, detaillierte Informationen zu erhalten.

Da die Form der verschiedenen Molekülorbitale, was ihre Knotenflächen und Maxima anbetrifft, sehr variabel ist, zumal sie ja wesentlich vom Molekültyp abhängen (man denke an die verschiedenen Lagen der Kerne im Raum), hat immer der Wunsch bestanden, alle Molekülorbitale näherungs-weise auf eine endliche Anzahl von Funktionen χ_q ($q = 1, 2, \ldots, M$) zurückzuführen, Dabei mögen diese Funktionen immer noch molekülty-pisch sein, sollten aber doch gewisse Invarianzen zwischen verschiedenen Molekülen aufweisen, etwa dadurch, daß viele der χ_q in verschiedenen Mo-lekülen mit sehr ähnlichem Gewicht auftreten. Auf diese Weise wäre auch eine neue Möglichkeit gegeben, Moleküle untereinander zu vergleichen, soweit dies in diesem gedachten Rahmen möglich ist. Insbesondere denkt man dabei an den Vergleich der verschiedenen Bindungen und Ladungsver-teilungen (Elektronendichte ρ).

Es liegt nahe, bei den χ_q an die Atomorbitale zu denken, die sozusagen jedes

Atom in den Atomverband Molekül einbringt: Diese könnten etwa aus SCF-Rechnungen für das jeweilige Atom erhalten werden, einschließlich evtl. zu verwendender virtueller Atomorbitale.

Dieser Gedankengang käme der chemischen Vorstellung entgegen, die darin besteht, daß in einem System von Atomen diese ihre spezielle Eigenart nicht völlig aufgegeben haben, denn in seinem Valenzstrich-Formalismus schreibt der Chemiker nach wie vor die Symbole der freien Atome in seine Molekülformeln.

Es erhebt sich allerdings die Frage: Inwieweit sind die Atome noch das, was sie vor Eingehen der Bindungen oder vor Eintritt der Wechselwirkung mit den anderen Atomen gewesen waren?

Aber das ist gerade das Kernproblem der chemischen Bindung überhaupt: Man möchte wissen, wie diese Bindungen zustande kommen, wie sie beschaffen sind und ob man sie untereinander vergleichen kann. Denn das Valenzstrich-Schema stellt nur in wenigen Verbindungsklassen ein einigermaßen ausreichendes Beschreibungsmuster dar, und selbst dann ist noch wenig über die Charakteristika der atomaren Wechselwirkungen bekannt.

Die Zurückführung der Molekülorbitale auf die Atomorbitale könnte eine Möglichkeit sein, die gewünschten Einblicke zu bekommen. Identifizieren wir also die Funktionsbasis χ_q ($q = 1, 2, \ldots, M$) mit entsprechenden Atomorbitalen (AO), so müssen wir schreiben

$$\widetilde{\varphi}_p = \sum_{q=1}^{M} C_{pq} \chi_q \qquad (p = 1, 2, \ldots, n/2 \leq M)\,, \qquad (10.6)$$

wobei stillschweigend angenommen wurde, daß es schon eine gute Näherung ist, wenn die Atomorbitale linear kombiniert werden, um ein Molekülorbital darzustellen!

Mit diesen Gleichungen haben wir die Darstellung der „Linear-Kombination von Atomorbitalen" ('linear combination of atomic orbitals', LCAO-Verfahren) formuliert. Man beachte, daß ein Molekülorbital $\widetilde{\varphi}_p$ nun durch M Koeffizienten C_{pq} ($q = 1, 2, \ldots, M$) repräsentiert wird, denn wir können die Atomorbitale χ_q als fest vorgegeben voraussetzen. Freilich wären einige Änderungen an den χ_q durchaus im Prinzip möglich, entweder schon vor der Rechnung als ein besonderer „Basissatz" für die Molekülorbitale oder während der Rechnung, um die „besten" Orbitale φ_p in der Determinantendarstellung zu erhalten. Es zeigt sich aber, daß dies im allgemeinen zu einem unverhältnismäßig hohen Rechenaufwand führt, denn gerade die Fixierung der χ_q für jeden Atomtyp kann dann in den C_{pq} Informationen darüber liefern, wie verändert das entsprechende Atom im Molekül auftritt.

Wir setzen also (10.6) in (9.25) ein und müssen nun im SCF-LCAO-Verfahren die $M \cdot n/2$ Koeffizienten so bestimmen, daß $\tilde{\psi}$ mit der exakten Lösung aus (7.13) möglichst gut übereinstimmt. Das heißt aber nach allem, daß in der HARTREE-FOCK-Gleichung (9.36) die Koeffizienten so berechnet werden müssen, daß die $\tilde{\varphi}_p$ nach (10.6) möglichst gut mit den exakten φ_p aus (9.36) übereinstimmen.

Und noch ein Schritt weiter: Auch die Potentiale U in (9.37) hängen nun von den zu bestimmenden C_{pq} ab. Und schließlich: Die oben dargelegte Iteration läuft nicht mehr über die φ_p unmittelbar ab, sondern ist jetzt auf die Koeffizienten C_{pq} verlagert, wobei hier klar sein sollte, daß die Darstellung der Molekülorbitale als Linearkombination von Atomorbitalen nach (10.6) grundsätzlich nur zu einer Näherung der φ_p führen kann. Also gilt immer

$$\tilde{\varphi}_p \approx \varphi_p \tag{10.7}$$

und somit auch

$$\tilde{\epsilon}_p \approx \epsilon_p \, . \tag{10.8}$$

Für jedes $\tilde{\epsilon}_p$ als Näherung für einen Eigenwert (Orbitalenergie) der HF-Gleichung existiert also jetzt ein Satz von M Koeffizienten C_{pq} ($q = 1, 2, \ldots, M$), den wir den Eigenvektor zu $\tilde{\epsilon}_p$ nennen. Es handelt sich also um einen Vektor mit M Komponenten.

Wir wollen aber nicht vergessen, darauf hinzuweisen, daß weder φ_p und ϵ_p noch C_{pq} meßbar sind. Es sind Beschreibungsgrößen, und man kann daher ihre numerischen Werte mit gewissen Erfahrungen in Beziehung setzen, ohne daß ein unmittelbarer fester Zusammenhang besteht!

An dieser Stelle ist es nützlich, sich näher mit der oben nur kurz erwähnten Elektronendichte ρ zu beschäftigen, die ja die mittlere Elektronenzahl pro Volumenelement bedeutet. ρ hängt also nur von drei Raumkoordinaten ab, die wir hier wieder mit den kartesischen Koordinaten x, y und z identifizieren wollen. Sie ist eine Observable und könnte etwa durch Streuexperimente gemessen werden. Sie stellt zweifellos eine wichtige Größe dar, weil sie sozusagen das Molekül, den Kristall oder allgemein den Festkörper repräsentiert, sozusagen seine „räumliche Form" und „Ausdehnung" darstellt, denn sie schließt räumlich die Atomkerne ein, um die herum sie nachweisbar ist – sie stellt die „zusammengefasste Information" über n Elektronen dar, deren Verhalten durch den zweiten Teil des Postulats I gegeben ist.

Die Wellenamplitudenfunktion ist auf eins normiert, das stellten wir schon früher fest. Das heißt, integriert man den Ausdruck $\psi_k^*\psi_k$ über alle Elektronenkoordinaten (insgesamt $3n$ Koordinaten, zuzüglich der Summe über alle Spin-Stellungen), so ist der Wert des Integrals gleich eins.

Lassen wir aber die Koordinaten eines Elektrons beim Integrieren aus (die Summierung über alle Spin-Stellungen soll beibehalten werden), z.B. des Elektrons 1, so erhalten wir (beim Elektron 1 belassen wir $\Delta\tau_1$)

$$\Delta W(1) = \left[\sum_{Spin} \int\int \cdots \int \psi_k^*\psi_k \, \mathrm{d}\tau_2\, \mathrm{d}\tau_3 \cdots \mathrm{d}\tau_n\right] \Delta\tau_1 \, . \qquad (10.9)$$

Daß man auf der linken Seite noch eine „Restwahrscheinlichkeit" $\Delta W(1)$ sehen muß, erkennen wir daran, daß wegen der Normierung

$$\int \Delta W(1) \, \mathrm{d}\tau_1 = \int \mathrm{d}W = 1 \quad (\Delta W\, \mathrm{d}\tau \to \mathrm{d}W) \qquad (10.10)$$

gelten muß. (10.10) beweist uns also, daß es sich bei $\Delta W(1)/\Delta\tau_1$ um die Wahrscheinlichkeitsdichte eines Elektrons handelt, da $\Delta W(1)$über den ganzen Raum integriert eins ergibt. Dies muß für jedes Elektron ($i = 1, 2, \ldots, n$) gelten, weil Elektronen nicht unterscheidbar sind. Wir können also allgemeiner für (10.9)

$$\Delta W \equiv \Delta W(x, y, z) \qquad (10.11)$$

schreiben, und wenn wir jetzt $\Delta W(x, y, z)$ mit der Elektronenzahl multiplizieren, dann erhalten wir offenbar die *mittlere Elektronenzahl im Volumenelement* $\Delta\tau$, denn es gilt im einzelnen

$$0 \leq n\Delta W \leq n \, , \qquad (10.12)$$

also ist

$$\rho = \frac{n\Delta W}{\Delta\tau} \qquad (10.13)$$

mit (vgl. (10.10))

$$\int \rho \, \mathrm{d}\tau = n \, . \tag{10.14}$$

Rechnen wir nun mit der 'closed-shell'-Determinante die Dichte aus, so erhalten wir (die φ_p sind als orthonormiert angenommen)

$$\rho = \rho(x, y, z) = 2(\varphi_1^2 + \varphi_2^2 + \cdots + \varphi_{n/2}^2) \, . \tag{10.15}$$

Die Gesamtdichte ρ an einem Punkt P(x,y,z) ergibt sich also durch Summierung aller Orbitalquadrate, wobei alle $\varphi_p^2 = \varphi_p^2(x, y, z)$ an diesem Punkt P(x,y,z) ausgerechnet werden, wenn wir wieder kartesische Koordinaten verwenden.

Man kann dieses Ergebnis der Dichtedarstellung durch Orbitalquadrate einfach so hinnehmen, aber der Zusammenhang ist inhaltsreich. Einmal zeigt er erneut sehr deutlich, daß alle Elektronen von allen Orbitalen „Gebrauch machen", um $\tilde{\psi}$ darzustellen, zum anderen erweisen sich die Orbitale als „Analysegrößen" für die Dichte, denn (10.15) zeigt, daß sich ρ aus allen „Orbitaldichten" zusammensetzt. Der Faktor zwei rührt von der Darstellung der abgeschlossenen Schalen her, verwendet man dagegen maximal n Orbitale (nicht $n/2$ wie im Fall abgeschlossener Schalen), so erhält man statt (10.15)

$$\rho = \sum_{p=1}^{n} \varphi_p^2 \, . \tag{10.16}$$

Gibt es in (10.15) $n/2$ Orbitalenergien, so sind es in (10.16) insgesamt n Orbitalenergien ϵ_p.

Die Darstellung weist noch auf ein anderes Mißverständnis hin, was oft zu lesen ist: ϵ_p ist nämlich nicht „die Energie eines Elektrons" und schon gar nicht „eines Elektrons im φ_p-Zustand"! Das steht im Einklang damit, daß die Gesamtdichte durch alle Orbitale dargestellt wird, und daß die Elektronen, wie so oft betont, nicht unterscheidbar sind.

Die Gesamtenergie (9.38), erhalten mit $\tilde{\psi}_k$ als Determinante und unter Beachtung der HF-Gleichung, ist dagegen eine *Meßgröße*, sie setzt sich aus den ϵ_p und einer Reihe von Integralausdrücken zusammen. Zu dieser Energie existiert dann eine Dichte nach (10.15) – alle anderen auftretenden Ausdrücke stellen *Beschreibungsgrößen* dar. Die Abb. 10.2 gibt die Darstellung der Dichten dreier Moleküle wieder, wobei Flächen gleichen Dichtewertes (Isoflächen) gezeigt sind.

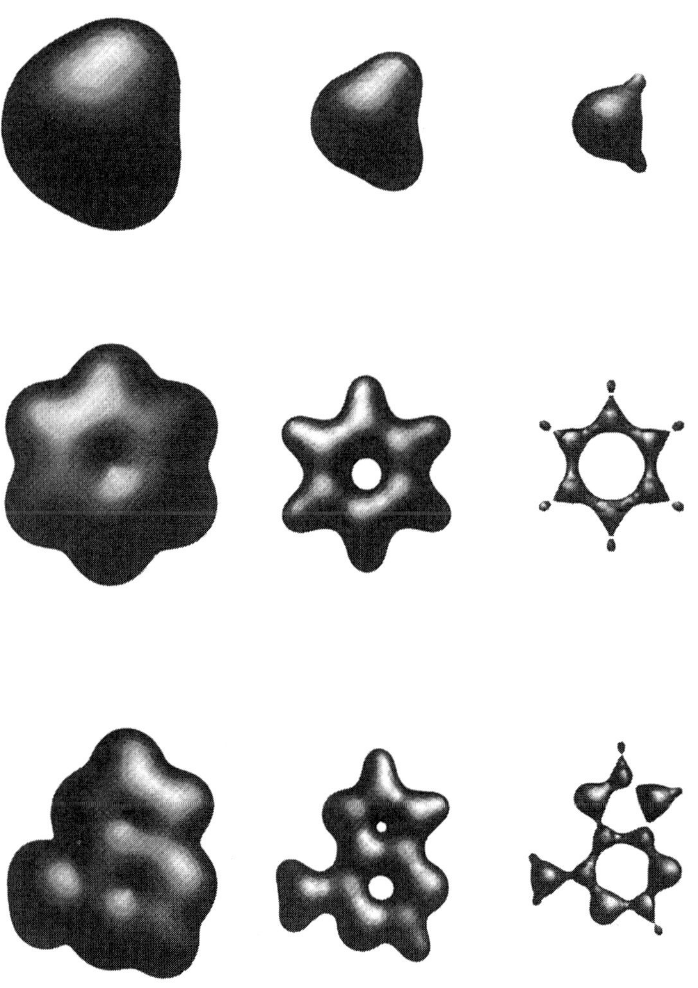

Bild 10.2 Isoflächen der Elektronendichte ρ für drei Werte $\rho_1 > \rho_2 > \rho_3$ (von links nach rechts) am Beispiel der Moleküle Wasser (H_2O) (oben), Benzen (C_6H_6) (Mitte) und Adenin ($C_5H_5N_5$) (unten), wobei $\rho_1 = 0,26$, $\rho_2 = 0,06$ und $\rho_3 = 0,002$.

Ionisiert man z.B. ein System, entfernt also ein Elektron (bei fester Kernlage,
BORN-OPPENHEIMER-Näherung), so geht (10.15) über in eine neue Dichte
ρ' ($n - 1$ Elektronen)

$$\rho' = 2(\varphi'^2_1 + \varphi'^2_2 + \cdots + \varphi'^2_{(n/2)-1}) + \varphi'^2_{n/2} \ . \qquad (10.17)$$

Die Differenz der Energien $\widetilde{E}$ nach entsprechend der Dichten ρ bzw. ρ' liefert
die Ionisierungsenergie I im Rahmen der HARTREE-FOCK-Näherung.

Daß ρ' nicht mit ρ gleich sein kann, sieht man unmittelbar ein, weil in ρ' nur
$n - 1$ Elektronen im System vorliegen. Etwas anderes ist die Tatsache, daß
die Orbitale φ'_p nicht mehr mit den alten φ_p übereinstimmen. Der Grund
liegt darin, daß im Potential U in (9.37) nur noch $n - 1$ Orbitale auftreten,
es ist also $U \neq U'$ anzunehmen und damit ist auch der HF-Operator F
verändert ($F \neq F'$).

Hier können noch weitere Überlegungen angestellt werden. Gehen wir davon aus, daß die Durchzählung der kanonischen Orbitale φ_p nach der Größe
der dazugehörigen Orbitalenergien ϵ_p erfolgt, schreiben wir also

$$\epsilon_1 \leq \epsilon_2 \leq \cdots \leq \epsilon_{(n/2)-1} \leq \epsilon_{n/2} \ , \qquad (10.18)$$

so erkennt man – was eigentlich zu erwarten war –, daß sich im großen
und ganzen die „Orbitaldichten" φ_p^2 in ihren wesentlichen Wertebereichen
(Maxima) immer weiter von den Atomkernen entfernen, je höher die Orbitalenergie ϵ_p ist, wobei $\epsilon_p \leq 0$ gilt, während für die virtuellen Orbitale
$\epsilon_p > 0$ erhalten wird. Diese Aussage ist schwer noch genauer zu präzi-
sieren, weil mehrere Raumbereiche größere φ_p-Werte zeigen können, die
verschieden weit entfernt von den Atomkernen liegen, man kann aber ganz
allgemein behaupten, daß die Maxima der φ_p^2 mit wachsendem p „nach
draußen wandern", also von den Atomkernen entfernt sind.

Auf Ladungsdichten in Kernnähe wirken stärkere Anziehungskräfte, man
kann daher annehmen, daß die Änderung von ρ nach ρ' bei einer Ionisation sich mehr auf die „äußeren" Dichtebereiche bezieht. Tatsächlich zeigen
auch die Rechnungen, daß die „inneren" φ_p^2 nahezu erhalten bleiben, so daß
im Hinblick auf diesen Näherungsstandpunkt (s. u.) im allgemeinen angenommen werden darf, daß bei der ersten Ionisation alle φ_p^2-Verteilungen
erhalten bleiben, bis auf $\varphi_{n/2}^2$, dem Orbitalquadrat mit der höchsten Orbitalenergie (das zugehörige Orbital $\varphi_{n/2}$ wird oft als 'highest occupied
molecular orbital', HOMO bezeichnet).

96

Man geht daher von der Annahme aus (die nicht voll zutrifft), anstelle von (10.17) für ρ'

$$\rho' = 2(\varphi_1^2 + \varphi_2^2 + \cdots + \varphi_{(n/2)-1}^2) + \varphi'^2_{n/2} \qquad (10.19)$$

zu schreiben.

Diese doch plausible, wenn auch wie gesagt nicht voll gerechtfertigte Näherung, läßt nun den Eindruck entstehen, als wäre bei der Ionisation nur ein $\varphi_{n/2}$-Orbital in der Darstellung von ρ zu streichen, zu dem die Energie $\epsilon_{n/2}$ gehört, so daß das entfernte Elektron vor der Ionisation durch die Teilchendichte $\varphi_{n/2}^2$ erfaßt gewesen wäre, was nicht zutrifft, wie wir dargelegt haben. Aus

$$\rho - \rho' \approx 2\varphi_{n/2}^2 - \varphi'^2_{n/2} = \varphi_{n/2}^2 + (\varphi_{n/2}^2 - \varphi'^2_{n/2}) \qquad (10.20)$$

darf dieser Schluß nicht gezogen werden, denn damit wäre ein Elektron von den anderen zu unterscheiden. Vielmehr folgt aus (10.20) nur die Aussage, daß bei einer Ionisation ($\rho \rightarrow \rho'$) sich die Dichte im wesentlichen nur „im Außenbereich" der ursprünglichen Dichte ρ ändert.

Geht man noch einen Schritt weiter und nimmt an, daß auch

$$\varphi_{n/2}^2 = \varphi'^2_{n/2} \qquad (10.21)$$

gilt, daß also gegenüber ρ nur ein HOMO in ρ' fehlt, so zeigen die Rechnungen (KOOPMANS Theorem), daß dann in guter Näherung

$$I \cong \epsilon_{n/2} \qquad (10.22)$$

erfüllt ist, was wiederum oft fälschlicherweise so interpretiert wird, als hätte das eine Elektron „die Energie $\epsilon_{n/2}$ besessen", bevor es ionisiert wurde. Damit ist völlig unzutreffend ein Zusammenhang zwischen Elektron und Orbital und somit zwischen Elektronen und den Orbitalenergien hergestellt.

Die Orbitalnäherung (kein Modell, wie oft zu lesen) ist so einsichtig und effektiv, daß es nicht nötig ist, mit einer übertriebenen Interpretation grundlegende Tatsachen, wie etwa die Nichtunterscheidbarkeit der Elektronen, fallenzulassen!

Andererseits ist der numerische Zusammenhang, der in (10.22) zum Ausdruck kommt, in der Praxis näherungsweise gut erfüllt und kann als Anhaltspunkt dienen. Die Abweichung rührt letzten Endes eben davon her, daß die $\varphi_1^2, \ldots \varphi_{n/2}^2$ als „eingefroren" angenommen wurden, obwohl sie sich durch die veränderten Wechselwirkungen zwischen den Elektronen selbst ändern.

Setzt man nun die LCAO-Darstellung (10.6) in ρ von (10.16) ein, dann nimmt die gesamte Elektronendichte eine interessante Form an

$$\rho = \sum_{q=1}^{M} \sum_{q'=1}^{M} P_{qq'} \chi_q \chi_{q'} , \tag{10.23}$$

wobei

$$P_{qq'} = 2 \sum_{p=1}^{n/2} C_{pq} C_{pq'} \tag{10.24}$$

ist. Die $P_{qq'}$, die in ihrer Gesamtheit die sogenannte Dichtematrix (oder Bindungsordnungsmatrix) $\mathbf{P}$

$$\mathbf{P} = \begin{pmatrix} P_{11} & P_{12} & \cdots & P_{1M} \\ P_{21} & P_{22} & \cdots & P_{2M} \\ \vdots & \vdots & \ddots & \vdots \\ P_{M1} & P_{M2} & \cdots & P_{MM} \end{pmatrix} \tag{10.25}$$

repräsentieren, sind wichtige Ausgangsgrößen für verschiedenartige Untersuchungen und Analysen über die Elektronenverteilung in Molekülen. Eine mögliche Art derartiger Untersuchungen, die auf diesen Größen basieren, nennt man *Populationsanalysen.*

Aus den vielen und wichtigen Möglichkeiten – es vergeht kaum ein Jahr, wo nicht weitere Verfahren und Analysemöglichkeiten aufgezeigt werden –, wollen wir nur einen einzigen Weg herausgreifen:

Da ρ auf n normiert ist, ergibt sich aus (10.14) und (10.23)

$$n = \int \rho \, \mathrm{d}\tau = \sum_{q=1}^{M} \sum_{q'=1}^{M} P_{qq'} \int \chi_q \chi_{q'} \, \mathrm{d}\tau = \sum_{q=1}^{M} \sum_{q'=1}^{M} P_{qq'} S_{qq'} , \tag{10.26}$$

wobei das wichtige Überlappungsintegral $S_{qq'}$ auftritt ($0 \leq S_{qq'} \leq 1$). Das obige Ergebnis

$$n = \sum_{q=1}^{M} \sum_{q'=1}^{M} P_{qq'} S_{qq'} \tag{10.27}$$

können wir nun umschreiben als

$$n = \sum_{q=1}^{M} n_q \,, \tag{10.28}$$

wobei

$$n_q = \sum_{q'=1}^{M} P_{qq'} S_{qq'} \tag{10.29}$$

sein muß.

Gleichung (10.28) läßt sich nun so interpretieren, daß die Anzahl der Elektronen auf die einzelnen Atomorbitale aufgeteilt worden ist, so daß die Summe aller n_q nach

$$n_A = \sum_{q \in p(A)} n_q \,, \tag{10.30}$$

die nur zu den Atomorbitalen $\varphi_{p(A)}$ des Atoms A gehören, ein Maß dafür sein sollte, wie viele Elektronen sich im Mittel um den Atomkern des Atoms A aufhalten. Aus dem Vergleich von n_A mit der Kernladungszahl Z_A

$$n_A > Z_A \qquad \text{oder} \qquad n_A < Z_A \tag{10.31}$$

kann nun geschlossen werden, ob eine negative oder positive „effektive Atomladung" im Molekül vorliegt. Im isolierten wechselwirkungsfreien Atom ist natürlich $n_A = Z_A$.

Daß die Orbitale nur Beschreibungsgrößen sind, läßt sich übrigens leicht aus den Eigenschaften der Determinante in (9.25) herleiten. Bekanntlich ändert eine Determinante ihren Wert nicht, wenn Vielfache einer Spalte (Zeile) zu einer anderen Spalte (Zeile) addiert oder subtrahiert werden, wobei das Ergebnis in eine der beteiligten Spalten (Zeilen) geschrieben wird.

So ist zum Beispiel

$$\begin{vmatrix} a & b & c \\ d & e & f \\ g & h & i \end{vmatrix} = \begin{vmatrix} a & b+a & c \\ d & e+d & f \\ g & h+g & i \end{vmatrix} . \tag{10.32}$$

Das kann man nun in (9.25) in den Spalten beliebig weit fortführen, so daß wir das Ergebnis erhalten, daß sich aus den ursprünglichen Orbitalen φ_p neue Orbitale $\overline{\overline{\varphi}}_s$ bilden lassen

$$\overline{\overline{\varphi}}_s = \sum_{p=1}^{n/2} a_{sp}\varphi_p \,, \tag{10.33}$$

die den Wert der Determinante nicht ändern und somit $\tilde{\psi}$, $\tilde{\rho}$ und $\tilde{E}$ unverändert lassen. Es gibt unendlich viele $\overline{\overline{\varphi}}_s$, die sich aus den φ_p als Lösung der SCF-Gleichung (9.36) nach (10.33) berechnen lassen, denn die Koeffizienten a_{sp} sind beliebig bis auf die Forderung, daß die neuen $\overline{\overline{\varphi}}_s$ ebenfalls zu Orbitalen führen sollen, die auf eins normiert sind.

Die $\overline{\overline{\varphi}}_s$ sind in der Regel keine kanonischen Orbitale φ_p mehr, man kann aber zeigen, was wir hier nicht tun wollen, daß alle $\overline{\overline{\varphi}}_s$ einer erweiterten HF-Gleichung genügen, die sich von der kanonischen Gleichung (9.36) nur dadurch unterscheidet, daß die rechte Seite als eine Linearkombination aller in der Determinante vorkommenden Orbitale dargestellt werden muß, den Orbitalen, die im kanonischen Fall nur im HF-Potential U vorkamen.

Bei der Gelegenheit sollte man ordnungshalber noch nachtragen, daß die oben erwähnten Überlegungen, die zur iterativen Methode führten, die Absicht hatten, die besten Orbitale in der Determinante (9.25) zu erhalten, damit ψ möglichst gut approximiert wird. Dieser erste Schritt führt in der Tat zuerst einmal zu der oben erwähnten verallgemeinerten HF-Gleichung und es ist wichtig, sich klar zu werden, daß erst eine Transformation nach (10.33) zur kanonischen Form (9.36) führt, die die kanonischen Orbitale φ_p (mit ϵ_p) liefert. Es sollte auch nicht unerwähnt bleiben, daß die Koeffizienten der erwähnten Linearkombination in der verallgemeinerten HARTREE-FOCK-Gleichung sich dadurch ergeben, daß man bei der Optimierung der Determinante auch verlangt, daß die erhaltenen Orbitale aufeinander orthogonal sind.

Mancher Leser mag sich nun fragen, wie wir eigentlich $\tilde{\psi}$ bestimmen können, wo wir doch die exakte Lösung ψ von (7.13) gar nicht kennen. Die Antwort darauf ist durch einen mathematischen Satz gegeben, der feststellt, daß der Erwartungswert $\tilde{E}$ in (9.38) für beliebige Näherungsfunktionen $\tilde{\psi}$ immer größer als der exakte Energiewert des Grundzustandes E_0 ist

$$\tilde{E} = \int \tilde{\psi}^* H \tilde{\psi} \, \mathrm{d}\tau \geq E_0 \,, \tag{10.34}$$

wobei von allen in Frage kommenden Funktionen $\tilde{\psi}$ verlangt wird, daß sie auf eins normiert sind. Das gilt für jede Kernkonfiguration $\{\mathbf{R}\}$.

Mit dieser Feststellung, die für die Methoden der Theoretischen Chemie sehr fundamental ist, ergibt sich jetzt genauer die Prozedur, die zur HARTREE-FOCK-Gleichung geführt hat: Man schreibt die Determinante (9.25) in (10.34) hinein, wobei die LCAO-Darstellung bereits Berücksichtigung findet, und hat dann die Koeffizienten C_{pq} in (10.34) so lange zu variieren, bis das absolute Minimum der linken Seite erreicht ist, wobei dieses nie tiefer als E_0 sein kann.

Die besten Orbitale nach diesem Vorgehen, so zeigen die einzelnen Rechnungen, erfüllen dann die verallgemeinerte HARTREE-FOCK-Gleichung. Aus der kann man dann, wenn man noch zur kanonischen Form übergeht, die entsprechenden kanonischen Orbitale erhalten.

Wird die LCAO-Form für φ_p verwendet, erhält man anstelle der SCF-Gleichung ein lineares Gleichungssystem, aus dem dann unter bestimmten Bedingungen die Orbital-Energien ϵ_p und die dazu gehörigen Eigenvektoren C_{pq} $(q = 1, 2, \ldots, M)$ erhalten werden können. Dieses Verfahren, welches sich aus (10.34) ergibt, ist unter dem Begriff Energievariationsmethode bekannt. Es stellt ein zentrales Vorgehen in den meisten theoretischen Wissenschaften dar, weil sich (10.34) noch allgemeiner formulieren läßt, indem man von der Spezialisierung bezüglich der Energie absieht.

Was nun die Vielfältigkeit in der Orbitaldarstellung anbetrifft, so wollen wir noch darauf hinweisen, daß im kanonischen Falle jeweils nur eine Orbitalenergie ϵ_p auf der rechten Seite der HF-Gleichung auftritt, so daß, wie oben dargelegt, bestimmte Interpretationen und Analysen möglich sind, wobei einige auch von den Orbitalenergien ϵ_p ausgehen. Für $\overline{\overline{\varphi}}_s$ aus (10.33) existiert keine Orbitalenergie, so daß man bezüglich der so entstandenen Form der $\overline{\overline{\varphi}}_s^2$ (die Dichte ρ ist die gleiche) andere Einblicke und Interpretationen erwarten kann. Verlangt man etwa von den a_{sp} in (10.33), daß sich die neuen „Orbitaldichten" $\overline{\overline{\varphi}}_s^2$ möglichst wenig überlappen ($\overline{\overline{\varphi}}_s$ ist auf eins normiert), zum Beispiel durch die Forderung

$$\int \overline{\overline{\varphi}}_s^2 \overline{\overline{\varphi}}_{s'}^2 \, \mathrm{d}\tau = min \qquad (s \neq s') , \tag{10.35}$$

so erhält man die sog. *lokalisierten Molekülorbitale*, die mit dem einfachen Valenzstrich-Schema im Zusammenhang stehen, aber weit darüber hinaus gehen. Hier ist zum Beispiel kein Unterschied mehr zwischen σ- und π-Bindung möglich, der im kanonischen Fall auftritt, woraus man erkennt, daß auch die Vorstellung von σ- und π-Bindung von der Wahl der a_{sp} in (10.33) abhängt, diese Koeffizienten aber keinerlei Realität haben. Im Falle der lokalisierten Orbitale treten anstelle der „σ, π-Bindungen" zwei gleichwertige „Orbitaldichten" $\overline{\overline{\varphi}}_s^2$ („Bananenbindungen") auf, deren Summe die gleiche Dichte liefert wie sie sich aus der entsprechenden Summe der Dichten der kanonischen σ- und π-Orbitale ergeben würde.

Im übrigen kann man in der Wahl der a_{sp} viel Phantasie entwickeln, um sich wieder neue Orbitale „zu schaffen". Diese haben zwar im allgemeinen bezüglich ihrer Interpretationsfähigkeit wenig Bedeutung, aber wiederum wird dadurch gezeigt, was Orbitale wirklich für die Theorie bedeuten, und daß erst die Summe ihrer Quadrate zur Meßgröße ρ führt. Sie selbst haben keine reale physikalische Bedeutung!

Deshalb könnte man sich im Extremfall vorstellen, daß man den ganzen Raum in $n/2$ Bereiche aufteilt, in denen sich jeweils „ein Teil von ρ" befindet, der auf eins normiert ist, so daß (10.14) erfüllt bleibt. Wir haben dann

$$\rho = 2 \sum_{l=1}^{n/2} \rho_l \,, \tag{10.36}$$

wobei die einzelnen ρ_l sich auf die oben erwähnten Unterräume beziehen. Auch das wäre eine Darstellung der Dichte, die mit der Orbitaldarstellung korreliert werden kann, wenn diese Orbitale nur in den Unterräumen existieren!

Schließlich sei noch auf eine Möglichkeit zur Interpretation der Elektronendichte hingewiesen, die es erlaubt, Aussagen über die Wahrscheinlichkeit des Auftretens von „Elektronenpaaren" zu machen. Unter Berücksichtigung des Spins zeigt sich, daß in der Umgebung eines willkürlich herausgegriffenen Elektrons sich im Mittel gerade ein weiteres Elektron mit entgegengesetztem Spin bevorzugt aufhält, so daß von „Elektronenpaaren" gesprochen werden kann, da sich diese beiden Elektronen im Mittel zueinander näher sind als zu allen anderen Elektronen. *Es läßt sich nun eine Funktion finden, welche ein Maß für die Wahrscheinlichkeit des Antreffens von Elektronenpaaren im Raum ist (Elektronenlokalisierungsfunktion, ELF).*

Hier zeigen sich gewisse Parallelen zur Wahrscheinlichkeit des Antreffens eines Elektrons im Raum (vgl. (10.9)).

Die Bilder 10.3 bis 10.7 zeigen einige Beispiele. Maximale Aufenthaltswahrscheinlichkeit für Elektronenpaare stellen die weißen Bereiche dar.

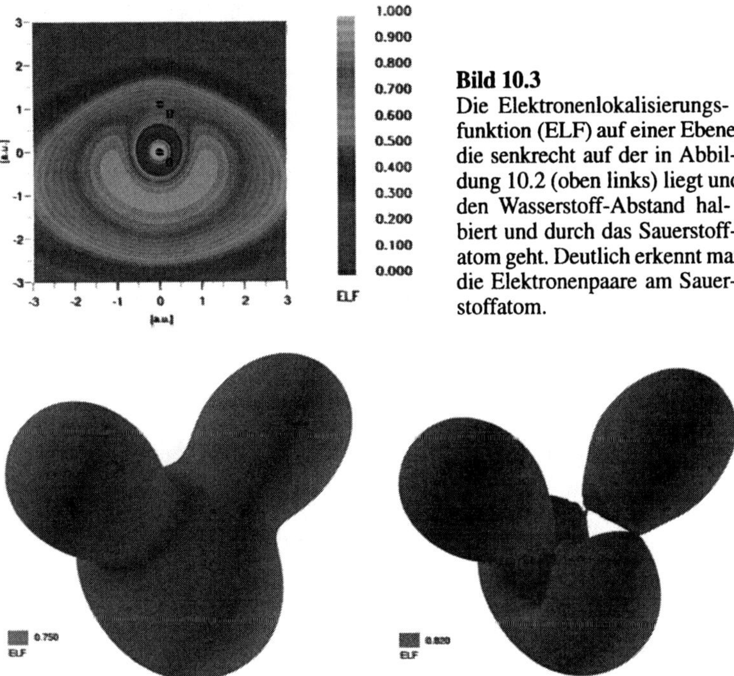

Bild 10.3
Die Elektronenlokalisierungsfunktion (ELF) auf einer Ebene, die senkrecht auf der in Abbildung 10.2 (oben links) liegt und den Wasserstoff-Abstand halbiert und durch das Sauerstoffatom geht. Deutlich erkennt man die Elektronenpaare am Sauerstoffatom.

Bild 10.4 Isoflächen der ELF-Funktion am Wassermolekül für die Werte 0,750 und 0,820

Die Bedeutung dieses Analyseverfahrens besteht darin, daß die Vorstellung von Elektronenpaaren wesentlich zur Bildung von Begriffen wie „chemische Bindung", „freies Elektronenpaar" und „Atomrümpfen" beigetragen hat, wie sie der Chemiker implizit ständig in seinem Valenzstrich-Schema verwendet (LEWIS-Strukturformeln). Bereits in der 'closed-shell'-Darstellung (10.5) sind Elektronenpaare durch die jeweils zweifache Verwendung eines Ortsanteils, mit α- bzw. β-Spinanteil (10.3), angedeutet.

Bild 10.5 Die Isofläche der ELF-Funktion am Benzen für den Wert 0,780. Neben den sechs Bindungspaaren erkennt man auch noch die angedeutete Paarbildung zwischen den CC-Bindungen.

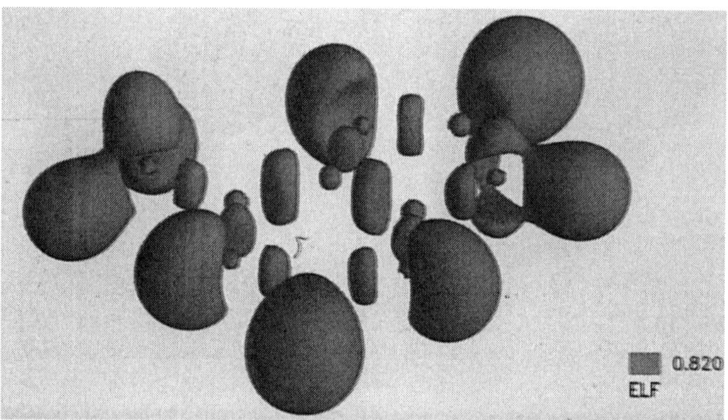

Bild 10.6 Eine Isofläche der ELF-Funktion für den Wert 0,820 beim Adenin-Molekül. Die Abbildung zeigt deutlich die Elektronenpaare bei den Stickstoffatomen sowie auf der linken Seite die NH_2-Gruppe. Interessant ist noch, daß die Elektronenpaarwahrscheinlichkeiten in den CC-Bindungen in ihrer räumlichen Ausdehnung verschieden sind, was ein Hinweis darauf ist, daß es sich um verschiedene Bindungsordnungen handelt.

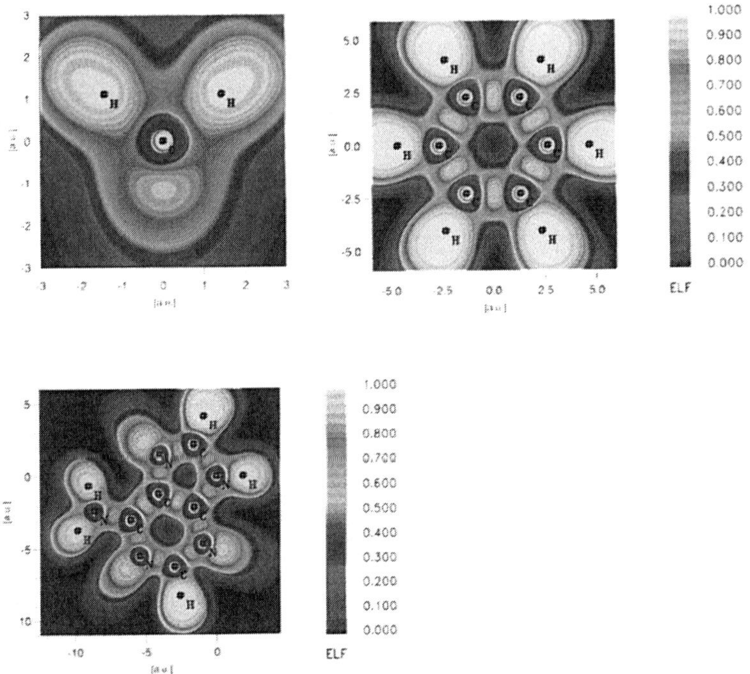

Bild 10.7 Darstellungen der Elektronenlokalisierungsfunktion (ELF) am Beispiel der Moleküle Wasser (H_2O), Benzen (C_6H_6) und Adenin ($C_5H_5N_5$)

11 Einige abschließende Aspekte

Daß wir das Kapitel 9 mit einem Titel versahen, der auf die Berechnung der Energiehyperfläche $E_k(\{R\})$ hinweist, hatte seinen Grund, denn wir wollten immer wieder daran erinnern, daß alle Überlegungen in Kapitel 9 letzten Endes die Behandlung der Gleichung a) in (9.1) zum Ziel haben, und das dies im Zusammenhang mit effektivem Potential, Determinanten-Darstellung und HF-Gleichung nicht aus den Augen verloren werden sollte.

Das gilt auch in gewisser Weise für Kapitel 10, wo dargelegt wurde, daß der Übergang von rein theoretischer Überlegung zur praktischen Anwendungsmöglichkeit leicht vollzogen werden kann, und oft können beide Aspekte kaum auseinander gehalten werden. Das aber war gerade in der hier gewählten Form der Darstellung beabsichtigt, weil immer noch gelegentlich die Meinung zu hören ist, daß zwischen theoretischer Vorstellung und ihren Gleichungen und der Praxis kaum überbrückbare Unterschiede bestünden.

Die oben diskutierten Eigenschaften der Determinante haben noch eine weitere Konsequenz. Betrachten wir ein freies Atom und führen dann die Transformation (10.33) durch, so können in diesem Falle die φ_p nur die Atomorbitale χ_q selbst sein. Die $\overline{\overline{\varphi}}_s$ stellen daher Linearkombinationen der Atomorbitale zu neuen Atomorbitalen dar, man nennt diese $\overline{\overline{\varphi}}_s$ *Hybridfunktionen* und die damit verbundene mathematische Konstruktionsvorschrift *Hybridisierung*.

Wir erkennen, daß dabei die Dichte ρ und auch die Energie des Atoms unverändert bleibt. Hybridisierung ist also nur ein mathematischer Vorgang ohne physikalische und chemische Konsequenz. Er gäbe nur Sinn, wenn auch Atomorbitale anderer Atome berücksichtigt werden, wie dies in der allgemeinen LCAO-Darstellung der Fall ist, deren Koeffizienten sich (im Gegensatz zu den bei der Hybridisierung auftretenden) aus der Energievariation ergeben.

Tatsächlich können die Koeffizienten der Hybridisierung der Atomorbitale für ein Atom in einem mehratomigen System nur aus den Ergebnissen einer LCAO-Rechnung (SCF-Methode) herausgelesen werden, und bestätigen im nachhinein die aus einer Energievariation erhaltene geometrische Struktur des Systems (Energiehyperfläche).

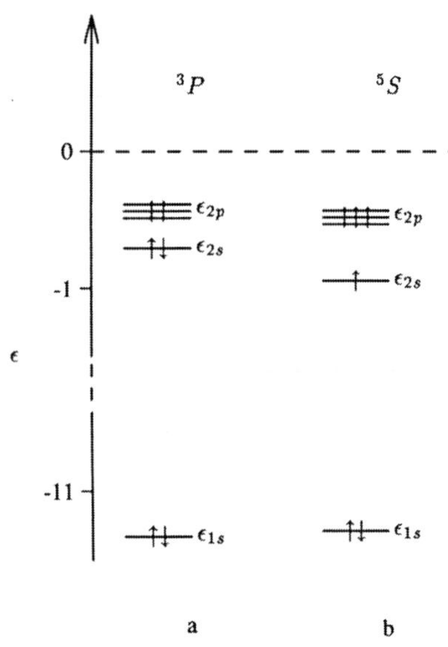

Bild 11.1
Orbitalenergieschemata für die beiden Zustände ^3P und ^5S des Kohlenstoffatoms. Orbitalenergien aus HARTREE-FOCK-Rechnungen. Zu beachten ist, daß den Orbitalenergien im Falle mehrerer offener Schalen (^5S) i. a. noch weniger eine physiklische Bedeutung (KOOPMANS Theorem) beigemessen werden kann als im Falle keiner oder nur einer offenen Schale (^3P), was nochmals auf die Rolle der „Orbitalenergien" als rein mathematische Hilfsgrößen hinweist.

Die Verhältnisse können aber noch ein wenig komplizierter sein. Beim Zustandekommen des CH_4-Moleküls sind im wesentlichen zwei Zustände des C-Atoms beteiligt, wie die Rechnungen zeigen. Die zugehörigen Orbitalenergieschemata sind in Bild 11.1 wiedergegeben, wobei Bild 11.1a einen sogenannten ^3P- und Bild 11.1b einen ^5S-Zustand des C-Atoms beschreiben.

Zu jedem dieser Zustände gibt es eine Potentialkurve, wobei wir die Überlegungen insofern vereinfachen wollen, daß wir annehmen, daß die vier H-Atome gleichzeitig und mit gleichem Abstand R vom C-Atom an dieses herankommen. Auf diese Weise haben wir einen Ausschnitt der Energiehyperfläche in Form einer Potentialkurve herausgegriffen. Das folgende Bild 11.2 gibt diese Verhältnisse bei der Molekülbildung angenähert wieder.

Man erkennt nun, daß sich die beiden Potentialkurven, die für $R \to \infty$ in die

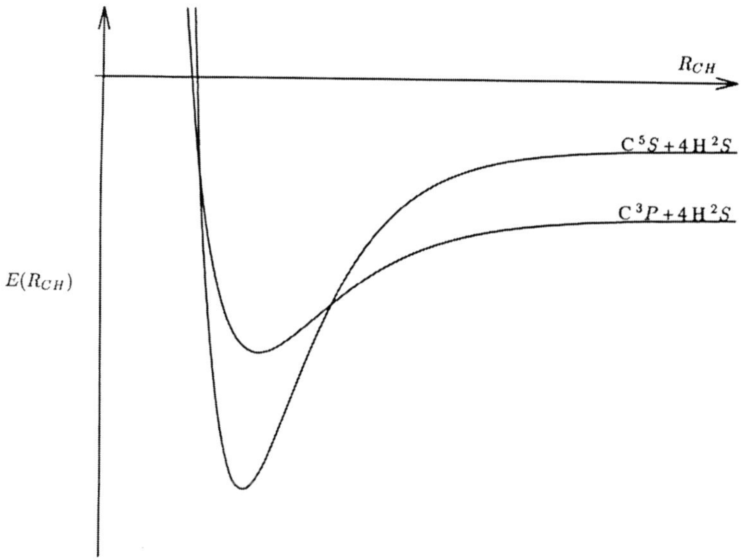

Bild 11.2 Potentialkurven für das Methan-Molekül, CH_4, ohne Berücksichtigung der Entkreuzungsregel

verschiedenen Zustände des freien Kohlenstoffatoms übergehen, schneiden müssen, denn der Zustand ^5S liegt höher als der ^3P-Zustand. Daß dies so sein muß, erkennt man, indem man mit Hilfe von Bild 11.1 näherungsweise die Summe der Orbitalenergien bildet und deren Besetzung berücksichtigt. Andererseits liegt im ^5S-Zustand ein 4bindiges Kohlenstoffatom vor, so daß die Potentialkurve für kleine Abstände R tiefer liegen muß als diejenige, die aus dem ^3P-Zustand heraus entsteht, weil im ^3P-Zustand offenbar ein 2bindiges Kohlenstoffatom vorliegt.

Nun zeigen die Rechnungen, daß sich aus Symmetriegründen die beiden Kurven nicht schneiden dürfen, so daß an der „Schnittstelle" eine sog. *Entkreuzung* stattfindet. Wir geben das noch einmal qualitativ in Bild 11.3 wieder.

Es sei bei dieser Gelegenheit noch erwähnt, daß in der Theorie eine Entkreuzungsregel existiert, die die Aussage gestattet, wann sich Kurven schneiden

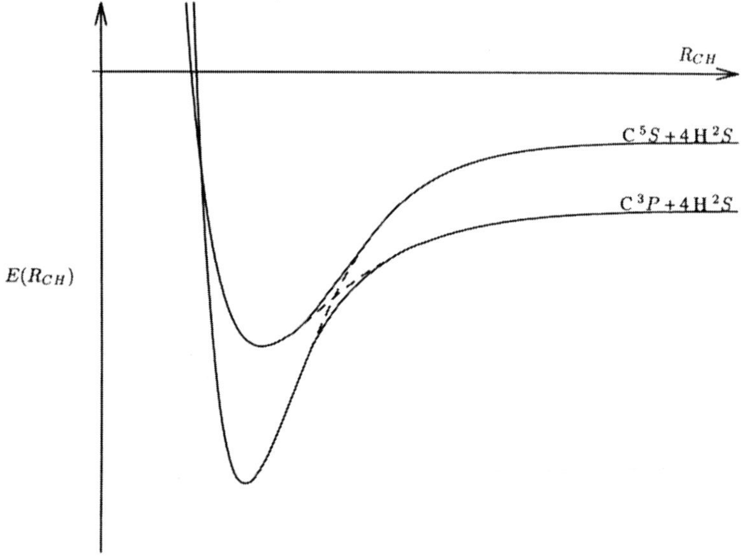

Bild 11.3 Potentialkurven für das Methan-Molekül, CH_4, mit Berücksichtigung der Entkreuzungsregel

können und wann sie sich an der „Schnittstelle" entkreuzen müssen. Die Ursachen für das Aufstellen einer derartigen Regel sind ganz allgemein durch Symmetriebetrachtungen gegeben, auf die wir hier nicht näher eingehen wollen.

Aus Bild 11.3 erkennen wir also, daß im Potentialminimum (Bindungsabstand R_e) der Zustand ^5S des C-Atoms am meisten am Zustandekommen des CH_4 beteiligt ist, denn es handelt sich ja im tiefsten Minimum um diejenige Potentialkurve, die, vor Berücksichtigung der Entkreuzung, für große Abstände mit dem Zustand ^5S verknüpft war. Entfernen sich die vier H-Atome wieder, so finden wir, nach Berücksichtigung der Entkreuzung, für große R den Grundzustand ^3P des C-Atoms vor, ohne daß jemals eine Anregung des Zentralatoms stattgefunden hätte, was immer wieder gelegentlich behauptet wird. Bemerkenswert ist auch, wie die Rechnungen zeigen, daß $\psi^*\psi$ des freien Kohlenstoffatoms im Falle des ^5S-Zustandes im Sinne des Postulats I (zweiter Teil) eine höhere Aufenthaltswahrscheinlichkeit dafür liefert, daß sich die vier Valenzelektronen des Kohlenstoffatoms an den Ecken eines Tetraeders bei einem bestimmten Abstand vom Atomkern befinden – ohne Verwendung von Orbitalen!

Fazit: Zum Verständnis des CH_4 ist weder eine Anregung (Promotion) des Kohlenstoffatoms erforderlich, noch ist das Molekül aus dem Grund tetraedisch gebaut, weil $2s$- und $2p$-Orbitale im Atom hybridisieren!

Das Gegenteil ist der Fall, wie ich hoffe, überzeugend dargestellt zu haben. Nur in der Theoretischen Chemie können diese Fragestellungen geklärt werden und tiefere Einblicke in die chemischen Bindungsverhältnisse gewonnen werden. Wenn heute immer noch so viele fehlerhafte Meinungen vertreten werden, so liegt das einmal daran, daß die Ausbildung des Chemiestudenten immer noch, was den mathematisch-physikalischen Bereich seines Studiums anbetrifft, vernachlässigt wird, zum anderen zeigen historische Aspekte, daß die Chemie am Anfang ihrer Entwicklung eine reine Erfahrungswissenschaft gewesen ist, so wie jede Wissenschaft einmal angefangen hat, und es gibt immer noch viele Vertreter dieses Faches, die der Meinung sind, daß auch heute noch Chemie eine reine Erfahrungswissenschaft bleiben müßte!

Was die Chemie anbetrifft, und mit ihr die Biochemie und verwandte Bereiche, so liegt die entsprechende Theorie vor, und es ist heute allein die Frage, ob man davon Gebrauch machen will – wie es für jede moderne Wissenschaft selbstverständlich ist – oder ob man aus wissenschaftlicher Tradition, aus „Erziehung", aber auch aus Unfähigkeit nicht auf alte und überholte, wenig effektive Standpunkte verzichten will, zum Nachteil des Faches, aber auch zum Nachteil der nächsten Generation von Wissenschaftlern, die dadurch vom Verständnis ihres Faches abgehalten wird und erst später (oft zu spät) erkennt, daß ihre Ausbildung veraltet gewesen ist.

Ziel einer Wissenschaft – wenn sie überhaupt als eine solche gelten will – ist die Entwicklung einer Theorie ihres Bereichs, einer Verständnislehre von sich selbst. Das ist immer mit Mathematisierung verbunden, aber die mathematischen Beziehungen, die eine Theorie charakterisieren, sind heute, was die Anwendung anbetrifft, nicht mehr so problematisch, nachdem eine leistungsfähige Computer- und Programmtechnik entstanden ist!

Mathematische Grundlagen und physikalische Aspekte sowie Computermöglichkeiten verschmelzen immer mehr mit der traditionellen Chemie zur „neuen Chemie", die es eigentlich schon längst gibt und deren Erfolge von

Jahr zu Jahr immer rascher zunehmen. So rücken Physik und Chemie immer näher zusammen und werden bald zu Einem werden, von der Astro- und Festkörperphysik bis hin zur Biochemie und Pharmazie.

Sachwortverzeichnis

Chemische Gleichgewichtsthermodynamik

von Hermann Rau und Jenspeter Rau

1995. XII, 235 Seiten mit 97 Abbildungen. Kartoniert.
ISBN 3-528-06503-6

Aus dem Inhalt: Grundbegriffe und Definitionen: Das Volumen als Zustandsfunktion – Der 1. Hauptsatz der Thermodynamik (Energiesatz) – Der 2. Hauptsatz der Thermodynamik (Entropiesatz) – Gleichgewichte – Formelsammlung.

Die chemische Thermodynamik ist schon im Grundstudium ein Lehrgebiet der Physikalischen Chemie. Aufgrund der Mischung von experimentellen Ergebnissen, Phänomenen und mathematisch-methodischen Konzepten bereitet sie dem Studenten oft Schwierigkeiten. Dieses Lehrbuch hilft mit einem neuen Konzept – einen Lehrenden und einen Lernenden als Autoren zu gewinnen –, die Sichtweise beider am Lernprozeß beteiligten Seiten darzustellen. Mit einem Schwerpunkt auf dem Verständnis des Lesers für die Thermodynamik zeigt das Buch den hohen Praxisbezug dieses Gebietes und ist somit ideal zur anschaulichen Vorbereitung auf das Vordiplom.

Über die Autoren: Hermann Rau ist Dozent der Physikalischen Chemie an der Universität Hohenheim. Sein Sohn Jenspeter ist Student der Chemie.

Verlag Vieweg · Postfach 15 46 · 65005 Wiesbaden

vieweg

Moderne Methoden in der Spektroskopie

von J. Michael Hollas

Aus dem Engl. übers. von Martin Beckendorf und Sabine Wohlrab

1995. XX, 403 Seiten mit 244 Abbildungen und 72 Tabellen. Kartoniert.
ISBN 3-528-06600-8

Aus dem Inhalt: Grundlagen der Quantenchemie – Elektromagnetische Strahlung und ihre Wechselwirkungen – Experimentelle Methoden – Molekülsymmetrie – Rotationsspektroskopie – Vibrationsspektroskopie – Spektroskopie elektronischer Übergänge – Photoelektronenspektroskopie – Laser und Laserspektroskopie – Charaktertafeln.

Mit diesem Lehrbuch wird nun endlich eine große Lücke im Bereich der Spektroskopie geschlossen. Während man die Resonanzspektroskopie in ihrer Theorie und Anwendung vielseitig dargestellt findet, wurden bisher die Grundlagen der mannigfaltigen anderen Methoden vernachlässigt. Beginnend mit den quantenmechanischen Grundlagen, den experimentellen Beschreibungen und einer detaillierten Hinführung zur Gruppentheorie werden hier anschaulich Rotations-Vibration und Elektronenspektroskopie diskutiert. Man findet eine ausführliche Darstellung der modernen Laserspektroskopie und eine intensive Diskussion der Fouriertransformation, aber auch speziellere Methoden wie Auger-Elektronen- oder Röntgenfluoreszenzspektroskopie werden behandelt.

Über den Autor: Dr. J. M. Hollas ist Wissenschaftler an der University of Reading, England und Autor mehrerer erfolgreicher Bücher zur Spektroskopie.

Verlag Vieweg · Postfach 15 46 · 65005 Wiesbaden

vieweg